はじめに

18 世紀から 19 世紀にかけての著名な数学者ガウスは言った「整数論は数学の女王である」．ガウスの真意は不明であるが，整然と構築された理論の美しさをたたえたのかもしれない．しかし，高校時代の安田少年にとって，整数問題は難関であり，意地悪な魔女に見えた．大学の整数論の本を読んでも，大学入試に使える項目は少ないように見えた．別世界である．大学入試の過去問では，扱われる題材に相互の関連性が薄く，点々と話題が孤立しているように感じられた．どれだけ訓練しても，試験や通信添削では，知らない話題が出現し，訓練の方向性が見えなかった．整数問題は，意味するところは容易に理解できるが，多くの難問では，解決の糸口は針の穴のように小さいと思われた．

40 年前に受験の世界で仕事を始めて以来，解法を整理し，点と点を結ぶ線を増やすように努めている．因数分解の活用，剰余による分類，不等式で挟むという頻出 3 タイプを基礎に据えて，それ以外の有名な話題を巡るスタイルは，広く伝搬し，現在では定着しているだろう．以前よりは学習しやすくなっているはずだ．

整数問題をよく出題するのは千葉大，一橋大，そして東大である．京大は以前ほどの頻度ではない．そして，医学部の出題が増えている．それらの問題を眺めてみると，1 つの共通点が浮かび上がる．必要な知識はごくわずかで，第一手はわりと自然な発想という点だ．もちろん，難問が出ることもあるが，大学入試は難問では決まらない．多くの人が解ける問題で，遅れをとらないことが大学入試での重要なポイントだ．

高校生が身につけているべき事項を効率よく解説した，ほどよい書物を届けたいと願って執筆した．整数が，微笑む女神になることを祈る．

安田 亨

【本書の利用法】
◆対象と構成

　本書を一言で言えば「教科書レベルから始めて実戦レベルまでの最大効率の本」です．

対象：高校の数学Ⅰ・数学Ａを学んでいる人，学んだ直後の人．高校数学を一通り学んだ人．

構成：教科書の整数の項目を追う「教科書編」と「実戦問題のレベル別編」からなります．

「教科書編」について：東京書籍は教科書を販売している会社です．そのため「教科書を学んだ，その次に読めて，大学受験を目指す人の対策にもなるようにすること」を目標としました．高校の数学Ⅰ・数学Ａを学んだ人なら「教科書編」は十分に読めるはずです．約数の和の公式は重要ですから，等比数列の和の公式（数学Ｂの内容）を避けることはできません．本書では導きながら解説しています．また，合同式では数列の問題も入っていますが，高校１年生は数列は無視して結構です．

「実戦問題のレベル別編」について：決められた予定ページの中にできるだけ効率よく必要な事項を盛り込むことを使命としました．本を書くときには「何を書くか」と並んで「どこまで書くか」が大きな課題です．問題数は多いほど安心ですが，ページ数とレベル設定を考慮する必要もあります．本書では，東大や京大の難問は入れないことにしました．手数が多く計算が長いためです．その演習は別の機会に譲りたいと思います．それ以外の大学なら十分対処できるようにすることを目標としました．整数はいろいろな分野と融合されることが多いのですが，できる限り数学Ⅰ・数学Ａの範囲にとどめるように問題を選びました．ただし，二項定理，高次の多項式の因数分解，数列の問題は扱っています．「本は４割も読めば読破したことになる」という数学者もいます．教科書の数学Ⅰ・Ａを学んだ直後の人は，知らない分野は準備が整うまで放っておいてください．さらに，本書の定価設定は格安です．初級編まで読めば十分に元はとれるでしょう．

◆数学および本書の学び方

　「数学は考えるものである」と信じている人達がいます．これは少ないサンプルで極論をしたものです．正しくは「最初から自分で考えられる人」と「最初は自分では考えられない人がいる」のです．他者の存在を想定せず，一方的な発言をすると，反論する人達が現れます．大学の同級生だったＥ君は，有名高校に入

るときも，東大に入るときも，一切，勉強しなかったと言いますし，友人の数学者のM君は，高校で参考書をやったことはないと言っています．生まれながらにサッカーがうまい人がいるように，勉強が上手な人がいます．そういう人に私が教えることなど，何もありはしません．以下は，そうでない人達が対象です．

本書は教科書の項目を追うことから始めています．教科書の理解を深め，定期テストでちゃんと点数をとってもらうために，協力したいと思うからです．私の存在意味は，人の役に立つことです．

本書は，教科書編で扱っている問題編，実戦編で扱っている問題編，教科書編の解説と解答，実戦編の解答という順序で並んでいます．

教科書編：いきなり解説から読み始めてもかまいません．本を読む場合には，目で追うだけでもよいですし，まわりに人がいないところなら，声に出して読み，自分に説明するのもよいでしょう．例題や問題が出てきたら，自分で鉛筆を持って解いてもよいですし，解答を読んでもかまいません．あるいは，「教科書編で扱っている問題編」を見て，解けそうなら解いてもよいでしょう．その場合，少し考えて解けないなら，解答編を読んでください．教科書編には付随する基礎の説明があります．それも読んでください．できたら，そこに書いてある戯れ言や，補足の公式を，ちゃんと読んでください．これらは実戦編で必要になることです．少しずつ，少しずつ，全体に仕掛けがしてあるのです．無駄にページを割いているわけではありません．

自力で解ければよいですが，そうでないのなら，問題の解法を理解し，再現できるようにします．このとき，式だけ書いてはいけません．日本語も含めて再現します．文字は丁寧に速く書いてください．読みやすく，ほどよい大きさです．極端に斜めになった字や汚い字だと，大学入試では，読んでもらえない危険性が高く，部分点に影響します．

実戦編：基本的には上と同じです．「実戦編で扱っている問題編」の問題を見ます．ひとまず考えます．解けなさそうなら，解答を読みます．解答を見ないで再現します．読んで理解することと，再現できることは違います．適当な時期を見て反復します．わかりにくい問題は，まわりに人がいないなら，声に出して，自分に説明します．

理想は，人に説明できるようになることです．一書の人恐るべし（一冊の本を完璧にこなすことが学習の王道である）．どんな方法であれ，一生懸命やれば，合格に必要な力は身につきます．

目次

はじめに ……………………………………………… p.1
本書の利用法 ………………………………………… p.2

| | 問題 | 解説・解答 |

教科書編 ……………………………… p.6 …… p.16

 問題 1 ～ 問題 16　**5日で攻略**

実戦問題　初級編 …………………… p.9 …… p.74

 問題 17 ～ 問題 36　**5日で攻略**

実戦問題　中級編 …………………… p.12 …… p.107

 問題 37 ～ 問題 41　**2日で攻略**

実戦問題　上級編 …………………… p.13 …… p.115

 問題 42 ～ 問題 47　**2日で攻略**

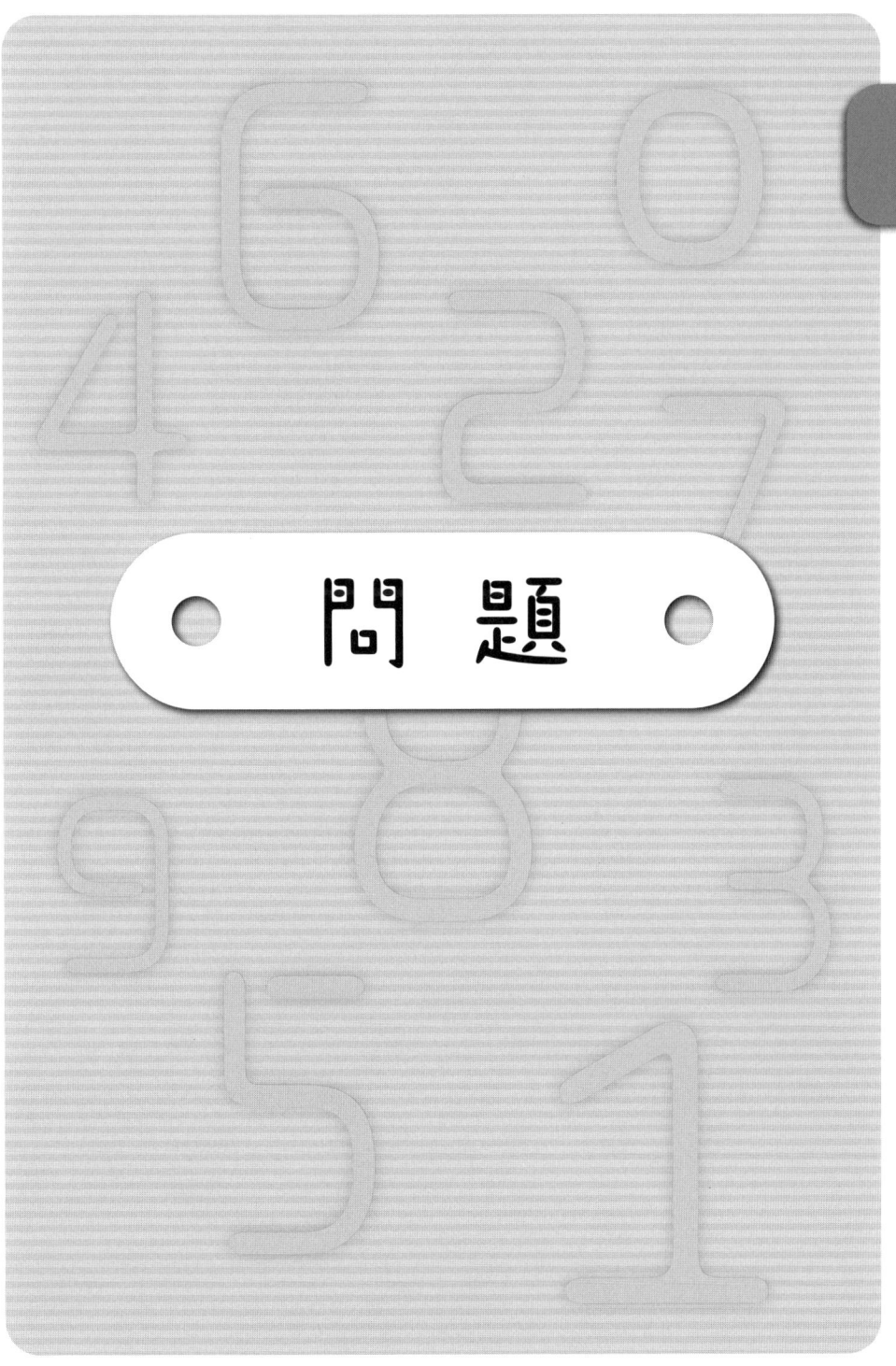

問 題

教科書編

解答 ➡ P.16

【約数と倍数】▶▶

問題 1 $N = abcd$ は十進法（じっしんほう）で表された4桁の正の整数である．次の事柄を確認せよ．なお $abcd$ は千の位が a，百の位が b，十の位が c，一の位が d であることを意味する．

（1） N を3で割った余りは $a+b+c+d$ を3で割った余りに等しい．

（2） N を9で割った余りは $a+b+c+d$ を9で割った余りに等しい．

（3） N が3の倍数になるための必要十分条件は，$a+b+c+d$ が3の倍数になることである．

（4） N が9の倍数になるための必要十分条件は，$a+b+c+d$ が9の倍数になることである．

（5） N が5の倍数になるための必要十分条件は，下1桁（しもひとけた）が0か5になることである．

（6） N が4の倍数になるための必要十分条件は，下2桁（しもふたけた）が4の倍数になることである．

（7） N が8の倍数になるための必要十分条件は，下3桁（しもみけた）が8の倍数になることである．

（8） N が11の倍数になるための必要十分条件は，$a-b+c-d$ が11の倍数になることである．

問題 2 A は5桁の9の倍数である．A の各桁の数字を加えた数を B とする．B の各桁の数字を加えた数を C とする．C の値を求めよ．

【約数の個数と総和】▶▶

問題 3 1050の正の約数は （あ） 個あり，その約数のうち1と1050を除く正の約数の和は （い） である．また，（い） の正の約数は （う） 個あり，その約数のうち1と （い） を除く正の約数の和は （え） である． （星薬科大・推薦）

問題 4　正の整数 n の正の約数の個数を $d(n)$ で表す．$d(5)=2$, $d(6)=4$ である．$d(n)$ が奇数のとき，n は平方数（自然数の 2 乗の形の数）であることを証明せよ．
（慶応大・理工）

問題 5　正の整数 n に対し n の正の約数すべての和を $S(n)$ とおく．ただし，1 と n も約数とする．
（1）素数 p，正の整数 a に対し，$n=p^a$ とおく．$S(n)$ を p と a で表せ．
（2）相異なる素数 p, q，正の整数 a, b に対し，$n=p^a$, $m=q^b$ とおく．このとき $S(mn)=S(n)S(m)$ が成立することを証明せよ．
（3）正の整数 a について 2^a-1 が素数とする．このとき，$n=2^{a-1}(2^a-1)$ とおくと，$S(n)=2n$ が成立することを証明せよ．
（お茶の水女子大）

【最大公約数と最小公倍数】▷▷

問題 6　2 つの正の整数 a, b の最大公約数を G，最小公倍数を L とする．$G+L=a+b$ のとき a, b の一方は他方で割り切れることを証明せよ．

【剰余による分類】▷▷

問題 7　n を奇数とする．次の問いに答えよ．
（1）n^2-1 は 8 の倍数であることを証明せよ．
（2）n^5-n は 3 の倍数であることを証明せよ．
（3）n^5-n は 120 の倍数であることを証明せよ．
（千葉大・理系）

問題 8　a, b, c は $a^2+b^2=c^2$ を満たす整数とする．次のことを証明せよ．
（1）a, b の少なくとも 1 つは偶数である．
（2）a, b の少なくとも 1 つは 4 の倍数である．
（3）a, b, c の少なくとも 1 つは 5 の倍数である．

【ユークリッドの互除法とディオファントス方程式】▷▷

問題 9　正の整数 a, b に対し，a を b で割ったときの余りを r とする．a, b の最大公約数と b, r の最大公約数は一致することを証明せよ．
（広島市立大）

問題 10 （1） 128 と 37 の最大公約数を求めよ．また，$128x + 37y = 1$ を満たす整数 x, y をすべて求めよ．

（2） a, b を互いに素な正の整数とする．a を b で割って余りが c，商が k_1，b を c で割って余りが d，商が k_2，c を d で割って余りが 1，商が k_3 になるとき，$ax + by = 1$ を満たす整数 x, y の一例を k_1, k_2, k_3 の式で表せ．

【p 進法】▶▶

問題 11 1g，3g，3^2g，……のおもりが 1 個ずつと，天秤ばかりがあるとき，

（1） この天秤ばかりで 47g のものをはかる方法を示せ．

（2） この天秤ばかりで 20000g のものをはかる方法を示せ． (類・防衛大)

【循環小数】▶▶

問題 12 p, q は互いに素な正の整数で $q \geq 2$ であるとする．$\dfrac{p}{q}$ が有限小数になるのはどのようなときか．

【合同式】▶▶

問題 13 33^{20} を 90 で割ったときの余りを求めよ． (愛媛大・医)

問題 14 a, b, c, d を整数とする．整式 $f(x) = ax^3 + bx^2 + cx + d$ において，$f(-1), f(0), f(1)$ がいずれも 3 で割り切れないならば，方程式 $f(x) = 0$ は整数の解をもたないことを証明せよ． (三重大)

問題 15 整数からなる数列 $\{a_n\}$ を漸化式

$$a_1 = 1, \quad a_2 = 3, \quad a_{n+2} = 3a_{n+1} - 7a_n \quad (n = 1, 2, \cdots)$$

によって定める．a_n が偶数になる n をすべて求めよ． (東大・改題)

【部屋割り論法】▶▶

問題 16 x-y 平面において，x 座標，y 座標が共に整数である点を格子点という．いま，互いに異なる 5 個の格子点を任意に選ぶと，その中に次の性質をもつ格子点が少なくとも一対は存在することを示せ．

一対の格子点を結ぶ線分の中点がまた格子点となる． (早大・政経)

実戦問題・初級編

解答 → P.74

問題 17 和が 546 で最小公倍数が 1512 である 2 つの正の整数は小さい順に □, □ である．
（麻布大・生命環境）

問題 18 1 以上 2008 以下の整数のうち，12 でも 15 でも割り切れる整数は全部で □ 個，12 でも 15 でも割り切れない整数は全部で □ 個ある．
（静岡文化芸術大）

問題 19 n を自然数とするとき，$m \leqq n$ で m と n の最大公約数が 1 となる自然数 m の個数を $f(n)$ とする．
（1） $f(15)$ を求めよ．
（2） p, q を互いに異なる素数とする．このとき $f(pq)$ を求めよ．
（3） p, q, r を互いに異なる素数とする．このとき $f(pqr)$ を求めよ．
（名大・文系・改題）

問題 20 n を自然数とする．$219!$ は 2^n で割り切れるが，2^{n+1} では割り切れないとすると，$n = $ □ である．
（早大・教）

問題 21 あるドラッグストアで原価 130 円／個の風邪薬と原価 310 円／個の胃薬を仕入れ，消費税なしの総額 6840 円を支払った．このときの仕入れ個数は風邪薬が □ 個，胃薬が □ 個であった．
（帝京大・薬）

問題 22 A，B，Cの3人は1匹の猿と他の動物を飼育している．3人は共同で餌のマンゴーを N 個買った．ある日3人は別々に飼育場に行き，猿と他の動物にマンゴーを食べさせた．最初はAが行き，1個を猿に与え，残りの $\frac{1}{3}$ を他の動物に与え，$\frac{2}{3}$ を飼育場に残しておいた．次にBが飼育場に行き，Aと同様に，1個を猿に与え，残りの $\frac{1}{3}$ を他の動物に与え，$\frac{2}{3}$ を飼育場に残しておいた．最後にCが飼育場に行き，やはり1個を猿に与え，残りの $\frac{1}{3}$ を他の動物に与え，$\frac{2}{3}$ を飼育場に残しておいた．翌日3人は飼育場に行き，残っていたマンゴーの内，1個を猿に与えた．すると残りのマンゴーは3人で3等分することができた．

このような N の最小値は ☐ である．また一般の N はこの最小値に ☐ の倍数を加えたものである． （慶応大・総合政策）

問題 23 n を2以上の自然数とするとき，$n^4 + 4$ は素数にならないことを示せ． （宮崎大・教育文化，農）

問題 24 2桁の正の整数で，2乗した数の下2桁が元の数と同じになるようなものをすべて求めると ☐ である． （小樽商科大）

問題 25 （1） $xy + 2y - x = 0$ をみたす整数 x, y の組をすべて求めよ．
（専修大）

（2） 方程式 $3xy + 3x - 2y = 6$ を満たす整数解 (x, y) を求めよ． （椙山女学園大）

問題 26 p を素数とする．x, y に関する方程式 $\frac{1}{x} + \frac{1}{y} = \frac{1}{p}$ を満たす正の整数の組 (x, y) をすべて求めよ． （お茶の水女子大）

問題 27 次の問いに答えよ．
（1） p を2とは異なる素数とする．$m^2 = n^2 + p^2$ を満たす自然数の組 (m, n) がただ1組存在することを証明せよ．
（2） $m^2 = n^2 + 12^2$ を満たす自然数の組 (m, n) をすべて求めよ． （静岡大）

問題 28 2次方程式 $x^2 - kx + 4k = 0$（ただし k は整数）が2つの整数解をもつとする．整数 k はいくつあるか． (自治医大・改題)

問題 29 $n^2 + mn - 2m^2 - 7n - 2m + 25 = 0$ について次の問いに答えよ．
（1） n を m を用いて表せ．
（2） m, n は自然数とする．m, n を求めよ． (旭川医大)

問題 30 x, y がともに整数で，$x^2 - 2xy + 3y^2 - 2x - 8y + 13 = 0$ を満たすとき，(x, y) を求めよ． (西南学院大)

問題 31 $x + y + z = xyz$ ($x \leqq y \leqq z$) をみたす自然数 (x, y, z) を求めなさい． (武蔵野美大)

問題 32 x, y, z は異なる自然数で，$\dfrac{1}{x} + \dfrac{1}{y} + \dfrac{1}{z} = 1$ を満たすものとする．$x + y + z$ の値を求めよ． (類・神戸薬科大)

問題 33 $0 < x < y < z$ を満たす3つの数 x, y, z がある．そのうちの任意の2つの数の和は，残りの数の整数倍に等しいという．
（1） z を x と y で表せ．
（2） $x : y : z$ を求めよ． (宮城大)

問題 34 すべての正の整数 n に対して，$3^{3n-2} + 5^{3n-1}$ が7の倍数になることを証明せよ． (弘前大)

問題 35 （1） n を自然数とする．$n, n+2, n+4$ がすべて素数であるのは $n = 3$ の場合だけであることを示せ． (早大・政経)
（2） $q, 2q+1, 4q-1, 6q-1, 8q+1$ がいずれも素数であるような q をすべて求めよ． (一橋大・後期)

問題 36 （1） 2010^{2010} を 2009^2 で割った余りを求めよ． (琉球大)
（2） p は素数，n は自然数とする．$f(n) = n^p - n$ とおく．
$f(n+1) - f(n)$ は p の倍数であることを示せ．

実戦問題・中級編

解答 ➡ P.107

問題 37 4次方程式の解について次の問いに答えよ．
(1) a, b, c, d は整数で $d \neq 0$ とする．方程式 $x^4 + ax^3 + bx^2 + cx + d = 0$ が有理数の解 r をもつとき，r は整数であり，d の約数に限ることを証明せよ．
(2) 次の方程式 $2x^4 - 2x - 1 = 0$ の実数解はすべて無理数であることを証明せよ．
(長崎大・医)

問題 38 次の問に答えよ．
(1) 5以上の素数は，ある自然数 n を用いて $6n+1$ または $6n-1$ の形で表されることを示せ．
(2) N を自然数とする．$6N-1$ は $6n-1$ (n は自然数) の形で表される素数を約数にもつことを示せ．
(3) $6n-1$ (n は自然数) の形で表される素数は無限に多く存在することを示せ．
(千葉大)

問題 39 p, q を整数とする．2次方程式 $x^2 + px + q = 0$ が異なる2つの実数解 α, β ($\alpha < \beta$) を持ち，区間 $[\alpha, \beta]$ にはちょうど2つの整数が含まれるとする．α が整数でないとき，$\beta - \alpha$ の値を求めよ．
(山口大・理, 医)

問題 40 正の奇数 p に対して，3つの自然数の組 (x, y, z) で，$x^2 + 4yz = p$ を満たすもの全体の集合を S とおく．すなわち，
$$S = \{(x, y, z) \mid x, y, z \text{ は自然数}, x^2 + 4yz = p\}$$
次の問いに答えよ．
(1) S が空集合でないための必要十分条件は，$p = 4k+1$ (k は自然数) と書けることであることを示せ．
(2) S の要素の個数が奇数ならば S の要素 (x, y, z) で $y = z$ となるものが存在することを示せ．
(旭川医大)

問題 41 1をいくつか連続して並べた整数 111…1 の中には 1953 で割り切れるものがあることを証明せよ．

実戦問題・上級編

解答 → P.115

問題 42 n は 2 以上の自然数の定数とする．$\dfrac{1}{x} + \dfrac{1}{y} = \dfrac{1}{n}$ をみたす自然数 x, y の組 (x, y) が 25 組あるとき，n は平方数であることを証明せよ．

問題 43 0 以上の整数 a_1, a_2 があたえられたとき，数列 $\{a_n\}$ を
$$a_{n+2} = a_{n+1} + 6a_n$$
により定める．
（1） $a_1 = 1,\ a_2 = 2$ のとき，a_{2010} を 10 で割った余りを求めよ．
（2） $a_2 = 3a_1$ のとき，$a_{n+4} - a_n$ は 10 の倍数であることを示せ． （一橋大）

問題 44 x の 2 次方程式 $x^2 - mnx + m + n = 0$（ただし，m, n は自然数）で 2 つの解がともに整数になるものは □ 個ある． （早大・人間科学）

問題 45 p, q を互いに素な正整数とする．
（1） 任意の整数 x に対して，p 個の整数 $x - q, x - 2q, \cdots, x - pq$ を p で割った余りは全て相異なることを証明せよ．
（2） $x > pq$ なる任意の整数 x は，適当な正整数 a, b を用いて $x = pa + qb$ と表されることを証明せよ． （奈良県医大）

問題 46 a, b は 2 以上の整数とする．
（1） $a^b - 1$ が素数ならば，$a = 2$ であり，b は素数であることを証明せよ．
（2） $a^b + 1$ が素数ならば，$b = 2^c$（c は整数）と表せることを証明せよ． （千葉大）

問題 47 a, b, c を正の整数とするとき，等式
$$\left(1 + \dfrac{1}{a}\right)\left(1 + \dfrac{1}{b}\right)\left(1 + \dfrac{1}{c}\right) = 2$$
を満たす正の整数の組 (a, b, c) で $a \geqq b \geqq c$ を満たすものをすべて求めよ． （鳥取大・医）

解説・解答

教科書編・解説と解答

整数論の始まり

　時は紀元前 2600 年，場所はエジプト，ギザのことである．「おい新入！　ヤスダノ・ユークリッド！　きちんと引っ張れ，紐が伸びないと測量ができんだろうがあ．ピラミッドが傾いたらどうする．首はねられるぞ〜」

　古代エジプトでは，紐の間に 12 個の結び目を等間隔で作り，紐をピンと張って直角を測量したといわれています（その証拠はないという学者もいます）．3 辺の長さが 3, 4, 5 の直角三角形を作れば，長さ 5 の辺の対角が直角になることは，大昔から知られていました．直角三角形の 3 辺の長さを x, y, z（z が最大）とすると，$x^2 + y^2 = z^2$ が成り立つという定理は，日本の学校教育では「三平方の定理」として知られています．数学用語は「ピュタゴラスの定理」といいます．ピュタゴラスは，ピタゴラスとも書かれます．$x^2 + y^2 = z^2$ を満たす正の整数の組をピタゴラス数といい，3, 4, 5 は代表的なピタゴラス数ですが，他にも 5, 12, 13 など多くの組があります．コロンビア大学にあるプリンプトンコレクションの 322 番という粘土板には，くさび形文字でこれらの数が刻まれているそうです．ピュタゴラスの時代よりさらに千年以上前に，誰かがこれらの数を発見していたのです．ピタゴラス数の一般形を求めることは数学の問題の 1 つです．整数論への長い旅立ちの始まりでした．

　この指数を 3 以上にした問題は大変有名です．17 世紀の数学者フェルマーが本の余白に書き残した「n が 3 以上の整数のとき $x^n + y^n = z^n$ を満たす自然数 x, y, z は存在しない」という命題は，フェルマーの大定理やフェルマーの最終定理と呼ばれ，360 年の長きに渡り多くの数学者を悩ませました．最終定理なんて格好いいいですね．この問題のように，整数問題の多くは，小学生にも意味が分かり，意欲にあふれた少年の知的好奇心をくすぐるに違いありません．一緒に整数論への入り口を覗いてみましょう．

◼◼◼ 約数と倍数

（ア） $1, 2, 3, \cdots$ を正の整数という．正の整数を自然数ともいう．
（イ） $0, \pm 1, \pm 2, \pm 3, \cdots$ を整数という．
（ウ） 小学校では正の整数しか扱わなかったが，高校では，負の整数も考察の対象となる．整数 a, b, c が $a = bc$ という関係を満たすとき，a は b の倍数であるという．特に，$b \neq 0$ ならば，a は b で割り切れるといい，b は a の約数という．つまり，倍数の場合には 0 を特に気にしないが，割るという言葉が入る場合は 0 を排除する．

例● -6 は 2 の倍数である．6 は -2 の倍数である．-2 は 6 の約数である．

例● $0 = b \cdot 0$ なので，0 はすべての整数の倍数である．$a = a \cdot 1$ なので，1 はすべての整数の約数であり，a は a の約数である．

（エ） 2 の倍数 $0, \pm 2, \pm 4, \cdots$ を偶数，$\pm 1, \pm 3, \pm 5, \cdots$ を奇数という．

【倍数の判定と余り】▷▷

　教科書の「命題と条件」を学習していない人，忘れてしまった人への，表現上の注意です．「P になるための必要十分条件は Q である」という表現が何度か出てきます．これは「P が成り立つならば Q が成り立ち，Q が成り立つならば P が成り立つ」ということです．言い方を変えると「P になるのは Q になるときに限り，Q でないときは P にならない」ということでもあります．また，このとき「P と Q が同値である」ともいいます．数学が苦手な人の中には，こうしたおごそかな表現を敬遠する人もいると思いますが，まあ，気楽に読んでください．嫌なものが出てきたときにはひとまずサラッと流していくのです．年月が経てば，嫌いも好きに変わるかもしれません．

　この章は教科書で扱っている内容を追いかけています．「倍数の判定方法」は教科書に載っており，知っていることでしょうから，読み飛ばしてもかまいません．

⟨倍数の判定と余り⟩

問題 1 $N = abcd$ は十進法（じっしんほう）で表された 4 桁の正の整数である．次の事柄を確認せよ．なお $abcd$ は千の位が a，百の位が b，十の位が c，一の位が d であることを意味する．

（1） N を 3 で割った余りは $a+b+c+d$ を 3 で割った余りに等しい．
（2） N を 9 で割った余りは $a+b+c+d$ を 9 で割った余りに等しい．
（3） N が 3 の倍数になるための必要十分条件は，$a+b+c+d$ が 3 の倍数になることである．
（4） N が 9 の倍数になるための必要十分条件は，$a+b+c+d$ が 9 の倍数になることである．
（5） N が 5 の倍数になるための必要十分条件は，下 1 桁（しもひとけた）が 0 か 5 になることである．
（6） N が 4 の倍数になるための必要十分条件は，下 2 桁（しもふたけた）が 4 の倍数になることである．
（7） N が 8 の倍数になるための必要十分条件は，下 3 桁（しもみけた）が 8 の倍数になることである．
（8） N が 11 の倍数になるための必要十分条件は，$a-b+c-d$ が 11 の倍数になることである．

考え方 $N = 1000a + 100b + 10c + d$ として，これを変形して考えます．

解答 （1） $N = 1000a + 100b + 10c + d$
$$N = 9(111a + 11b + c) + (a+b+c+d) \quad \cdots\cdots\cdots ①$$
より N を 3 で割った余りは $a+b+c+d$ を 3 で割った余りに等しい．
（2） ①により成り立つ．
（3） （1）より，N が 3 の倍数になるための必要十分条件は $a+b+c+d$ が 3 の倍数になることである．
（4） （2）より，N が 9 の倍数になるための必要十分条件は $a+b+c+d$ が 9 の倍数になることである．
（5） $N = 5(200a + 20b + 2c) + d$
より N が 5 の倍数になるための必要十分条件は d が 5 の倍数になることで，$0 \leq d \leq 9$ だから，それは $d=0$ または 5 である．
（6） $N = 4(250a + 25b) + 10c + d$

より N が 4 で割り切れるための必要十分条件は $10c+d$ が 4 の倍数になること，すなわち，下 2 桁 cd が 4 の倍数になることである．

（7）　$N = 8 \cdot 125a + 100b + 10c + d$

より N が 8 で割り切れるための必要十分条件は $100b + 10c + d$ が 8 の倍数になること，すなわち，下 3 桁 bcd が 8 の倍数になることである．

（8）　$N = 1000a + 100b + 10c + d$
$ = 1001a + 99b + 11c - (a - b + c - d)$
$ = 11(91a + 9b + c) - (a - b + c - d)$

より N が 11 の倍数になるための必要十分条件は $a - b + c - d$ が 11 の倍数になることである．

注意 1° **【因数分解の公式】** 以上は桁数が多くなっても同様に成り立ちます．証明は書けますか？（1）から（7）までは容易です．でも（8）はそんなに当たり前ではありません．証明を書きますが，鬱陶しいと思う人は読み飛ばしてください．

（8）の証明方法はいろいろあります．まず因数分解の公式
$$a^k - b^k = (a-b)(a^{k-1} + a^{k-2}b + a^{k-3}b^2 + \cdots + b^{k-1}) \cdots\cdots Ⓐ$$
を利用してみましょう．k は正の整数です．これは教科書の公式

$a^2 - b^2 = (a-b)(a+b)$　（中学の範囲）
$a^3 - b^3 = (a-b)(a^2 + ab + b^2)$　（数学 II の範囲）

の次数が一般になったものです．
$$(a-b)(a^{k-1} + a^{k-2}b + a^{k-3}b^2 + \cdots + b^{k-1})$$
を展開して

$(a-b)(a^{k-1} + a^{k-2}b + \cdots\cdots + ab^{k-2} + b^{k-1})$
$= a^k + a^{k-1}b + \cdots\cdots + a^2 b^{k-2} + ab^{k-1}$
$ - (a^{k-1}b + a^{k-2}b^2 + \cdots\cdots + ab^{k-1} + b^k)$
$= a^k - b^k$

と確認できます．Ⓐで，$a = 10,\ b = -1$ とおくと
$$10^k - (-1)^k = 11\{10^{k-1} + \cdots + (-1)^{k-1}\}$$
となり，右辺は 11 の倍数です．k は任意なので k を 1 だけずらし
$$10^{k-1} = (-1)^{k-1} + (11\text{の倍数}) \cdots\cdots\cdots\cdots\cdots Ⓑ$$

とおけます．Ⓑ は $k = 1, 2, \cdots$ で成り立ちます．ただし $10^0 = 1$，$(-1)^0 = 1$ です．

N が n 桁の自然数で k 桁目の数を a_k であるとします．たとえば N が 5 桁の場合に，$N = a_5 a_4 a_3 a_2 a_1$ と書きます．このとき，値としては

$$N = a_5 \cdot 10^4 + a_4 \cdot 10^3 + a_3 \cdot 10^2 + a_2 \cdot 10 + a_1 \cdot 1$$

です．一般の n 桁の場合は

$$N = a_n \cdot 10^{n-1} + \cdots + a_k \cdot 10^{k-1} + \cdots + a_2 \cdot 10 + a_1$$

です．すなわち，N は $a_k \cdot 10^{k-1}$ の形の数を加えたものです．Ⓑ を使って書き換えると，N は $a_k \cdot \{(-1)^{k-1} + (11 の倍数)\}$ の形の数を加えたものだから

$$N = \{(a_k \cdot (-1)^{k-1} の形の数を加えたもの) + (11 の倍数)\}$$

となります．よって N が 11 で割り切れるための必要十分条件は

$$a_1 - a_2 + a_3 - a_4 + \cdots\cdots$$

が 11 で割り切れることであるとわかります．なお，a_k というのは k 番目の数という意味で，右下の小さな文字は添え字（そえじ）といいます．

本書は，まだ数学 B の数列を習っていない読者も対象としているので，このように，習っていない記号類にはいちいち注意を書きます．

2°【合同式を使う】 合同式（後に出てくる）と数学 B のシグマを使えば次のように短縮できます．ただし，次の式の内容は上に書いたことと同じです．合同式は単なる表現上の短縮でしかありません．$\bmod 11$ で

$$10 \equiv -1 \quad \therefore \quad 10^{k-1} \equiv (-1)^{k-1} \quad \therefore \quad a_k \cdot 10^{k-1} \equiv a_k \cdot (-1)^{k-1}$$

$$N = \sum_{k=1}^{n} a_k \cdot 10^{k-1} \equiv \sum_{k=1}^{n} a_k \cdot (-1)^{k-1}$$

よって N が 11 で割り切れるための必要十分条件は

$$a_1 - a_2 + a_3 - a_4 + \cdots\cdots$$

が 11 で割り切れることです．

3°【因数分解の公式】 Ⓐ を出したついでです．

$$a^3 + b^3 = (a+b)(a^2 - ab + b^2) \quad (数学 II の範囲)$$

の一般形について述べましょう．k が正の奇数のとき

$$a^k + c^k = (a+c)(a^{k-1} - a^{k-2}c + a^{k-3}c^2 - \cdots + c^{k-1})$$

となります．証明は Ⓐ の $b = -c$ とするだけです．

——〈余りの応用〉——

問題 2　A は 5 桁の 9 の倍数である．A の各桁の数字を加えた数を B とする．B の各桁の数字を加えた数を C とする．C の値を求めよ．

考え方　近所の小学生，バットを持った安田少年を捕まえて，この作業をやらせてみましょう．

$A = 123456789$ の場合を調べます．この A は確かに 9 の倍数です．
$B = 1+2+3+4+5+6+7+8+9 = 45,\ C = 4+5 = 9$

$A = 224577$ の場合を調べます．この A は確かに 9 の倍数です．
$B = 2+2+4+5+7+7 = 27,\ C = 2+7 = 9$

「あっ，いつも 9 になるね．きっとなるよ．おじさん，僕，隣村のチームと試合なんだ」と駆け出していくことでしょう．少年は，証明には興味はありません．しかし，高校生は証明しなければなりません．上では 2 つ示しただけです．実際には，101 個目に 9 じゃないものが見つかるかもしれません．「いつも $C=9$ になること」を示すのです．

問題 1 で「正の整数 N を 9 で割ったときの余りは N の各位の和を 9 で割った余りに等しい」という有名な事実を扱いました．これを応用する問題です．

解答　$A = abcde$ とすると，A が 9 の倍数だから A の各位の和
$B = a+b+c+d+e$ も 9 の倍数である．同様に C も 9 の倍数である．a, b, c, d, e は 9 以下だから

$$B \leqq 9 \times 5 = 45$$

B は 2 桁以下である．$B = fg$ とおく．f は B の十の位の数で，もし B が 1 桁の数ならば $f = 0$ である．f は 0 以上 4 以下，g は一の位の数で 0 以上 9 以下である．

$$C = f + g \leqq 4 + 9 = 13$$

C は正の数で 9 の倍数だから **$C = 9$**

約数の個数と総和

（ア） 素数とは 2 以上の正の整数で，1 と自分自身しか約数がないもののことである．2 は偶数の素数，3, 5, 7, … は奇数の素数である．大半の素数は奇数だが，1 個だけ偶数の素数がある．センター試験などで「3 以上の素数」と出てきたら，それが「奇数」であることを使うかもしれないので，心に準備をしておきたい．

（イ） 1 は素数ではない．これは定義の問題である．2 以上で，2 種類以上の素数の約数をもつか，素数の 2 乗以上の約数をもつ整数を，合成数という．

（ウ） 約数を因数ということもある．素数の約数を素因数といい，素因数の積に分解することを素因数分解という．

例 ● 4, 6 は合成数である．正の整数は，1 または素数または合成数である．

（エ） 【互いに素】2 つの正の整数 a, b の最大公約数が 1 のとき，a, b は互いに素であるという．ただし，問題解法からいうと，互いに素とは「共通な素数の約数を持たないこと」と理解しておいた方がよい．論証において，最大公約数を考察するより「共通な素数の約数があるか，ないか」を考えることが多いからである．

例 ● 20 と 33 は互いに素である．20 と 33 は異なる素数で出来ているからである．1 と 2 は互いに素である．1 は素数の約数を持たないからである．1 と 1 も互いに素である．n が自然数のとき，1 と n は互いに素である．なお「a, b が互いに素」を「a と b が両方とも素数であること」と誤解をしている生徒がいるので注意しよう．

（オ） 【素数は無限に存在する】ユークリッドの原論にその証明が載っている．ただし，これはユークリッド自身の証明か，当時知られていたものをユークリッドが記述したのかはわからない．私は後者だろうと想像している．

【証明】背理法（後で説明する）で証明する．素数が有限個しか存在しないと仮定する．それらを小さい順に $p_1, p_2, \cdots, p_k$ とする．$p_1 = 2$ である．ここで

$$P = p_1 p_2 \cdots p_k + 1$$

と定める．$P \geqq 3$ である．2 以上の正の整数は素数の約数をもつ．$p_1, p_2, \cdots, p_k$ ですべての素数がつくされているから，P は p_1 から p_k のどれかで割り切れるはずである．ところが，$P = p_1 p_2 \cdots p_k + 1$ は p_1 で割り切れない．P は p_2 でも，…，p_k でも割り切れず，矛盾する．よって素数は無限に存在する．

（カ） 【背理法について】背理法というのは「命題が成り立たないと仮定したときに矛盾が起こることを示すことによって命題を証明する論法」である．命題には「A は B だ」形式のものと「A ならば B だ」という形式のものがある．前者の例は「安

田の髪は 100 本以下である」というもので，実際に数えることによって確認できる．こうした証明方法を，私は「直接証明」と呼んでいる．対象に直接アプローチできない命題も少なくない．その場合，前者の形式ならば「A が B でないと仮定して矛盾を導く」，後者の形式ならば「A の事柄と B でないという事柄を組合わせて矛盾を導く」ことになる．証明問題では，まず直接証明を試みて，方針が立たないときには背理法を試みる．背理法は大変有効な証明方法である．

(キ)　**【素因数分解の一意性】** 2 以上の正の整数 n は素数 $p_1, p_2, p_3, \cdots$ と正の整数 $k_1, k_2, k_3, \cdots$ を用いて

$$n = p_1{}^{k_1} p_2{}^{k_2} p_3{}^{k_3} \cdots\cdots \quad \cdots\cdots Ⓐ$$

の形に，ただ一通りに表現できる．

(ク)　**【約数の個数の公式】** Ⓐ のとき n の正の約数の個数は
$(1+k_1)(1+k_2)(1+k_3)\cdots$ である．

【説明】 約数は $p_1{}^\alpha p_2{}^\beta p_3{}^\gamma \cdots$ の形をしており，α は $0, 1, \cdots\cdots, k_1$ のいずれかで k_1+1 種類の値のいずれかをとり，β は k_2+1 種類，γ は k_3+1 種類，$\cdots$ の値をとるので，正の約数の個数は $(1+k_1)(1+k_2)(1+k_3)\cdots$ である．

例・ $n = 360$ の約数の個数を考える．$n = 2^3 \cdot 3^2 \cdot 5$ の正の約数は $2^\alpha 3^\beta 5^\gamma$ の形をしている．ただし，α は $0, 1, 2, 3$ のいずれか，β は $0, 1, 2$ のいずれか，γ は $0, 1$ のいずれかである．$\alpha = 0, 1, 2, 3$ の各枝に $\beta = 0, 1, 2$ の各枝が付き，その各枝に $\gamma = 0, 1$ の各枝が付く．(樹形図は $\alpha — \beta — \gamma$ という枝は全部で $4 \cdot 3 \cdot 2 = 24$ 本ある．この枝が 1 本決まる (α, β, γ が 1 組決まる) と正の約数が 1 つ決まる．

(ケ)　**【約数の総和の公式】** Ⓐ のとき n のすべての正の約数の和は

$$(1 + p_1 + p_1{}^2 + \cdots + p_1{}^{k_1})(1 + p_2 + \cdots + p_2{}^{k_2})(1 + p_3 + \cdots + p_3{}^{k_3})\cdots$$

$$= \frac{p_1{}^{k_1+1} - 1}{p_1 - 1} \cdot \frac{p_2{}^{k_2+1} - 1}{p_2 - 1} \cdot \frac{p_3{}^{k_3+1} - 1}{p_3 - 1} \cdots$$

である．

【説明】 たとえば $n = 360 = 2^3 \cdot 3^2 \cdot 5$ について，$(1 + 2 + 2^2 + 2^3)(1 + 3 + 3^2)(1 + 5)$

を展開すると

$$(1+2+2^2+2^3)(1+3+3^2)(1+5)$$
$$= 1\cdot 1\cdot 1 + 1\cdot 1\cdot 5 + 1\cdot 3\cdot 1 + 1\cdot 3\cdot 5 + 1\cdot 3^2\cdot 1 + 1\cdot 3^2\cdot 5$$
$$+ 2\cdot 1\cdot 1 + 2\cdot 1\cdot 5 + 2\cdot 3\cdot 1 + 2\cdot 3\cdot 5 + 2\cdot 3^2\cdot 1 + 2\cdot 3^2\cdot 5$$
$$+ 2^2\cdot 1\cdot 1 + 2^2\cdot 1\cdot 5 + 2^2\cdot 3\cdot 1 + 2^2\cdot 3\cdot 5 + 2^2\cdot 3^2\cdot 1 + 2^2\cdot 3^2\cdot 5$$
$$+ 2^3\cdot 1\cdot 1 + 2^3\cdot 1\cdot 5 + 2^3\cdot 3\cdot 1 + 2^3\cdot 3\cdot 5 + 2^3\cdot 3^2\cdot 1 + 2^3\cdot 3^2\cdot 5$$

となり，すべての正の約数が出てくるから，その総和になっている．

和をまとめるところでは数学Bの「等比数列の和の公式」を用いている．それは $r \neq 1$ のとき

$$a + ar + ar^2 + \cdots\cdots + ar^{n-1} = a \cdot \frac{1-r^n}{1-r} = a \cdot \frac{r^n - 1}{r - 1}$$

とまとめる式である．証明は

$$S = a + ar + ar^2 + \cdots\cdots + ar^{n-1}$$

として，

$$rS = ar + ar^2 + \cdots\cdots + ar^n$$

と辺ごとに引いて

$$(1-r)S = a - ar^n$$
$$S = a \cdot \frac{1-r^n}{1-r}$$

とする．$S - rS$ でバサバサ消えるところを小学生的に筆算で書くと

$$\begin{array}{r} S = a + ar + ar^2 + \cdots\cdots + ar^{n-1} \\ -)\ rS = ar + ar^2 + \cdots\cdots + ar^{n-1} + ar^n \\ \hline S - rS = a \phantom{+ ar + ar^2 + \cdots\cdots + ar^{n-1}} - ar^n \end{array}$$

となる（上下に積んで書くことを筆者は「積み算」と習ったが「筆算」が多数派？）．

なお $r \neq 1$ のとき

$$a + ar + ar^2 + \cdots\cdots + ar^{n-1} = a \cdot \frac{1-r^n}{1-r}$$

は

$$初項 \times \frac{1 - 公比^{加えた項数}}{1 - 公比}$$

と，言葉で覚える．これが伝統的な形である．最近の教科書は

$$a + ar + ar^2 + \cdots\cdots + ar^{n-1} = a \cdot \frac{r^n - 1}{r - 1}$$

と書いているが，私は保守的なので，伝統の形を踏襲する．本書でもできるだけ伝統の形で書くが，行数の関係でページに入らないときにはこの限りではない．

数学 III の「無限等比級数の和の公式」(p.58) を習うと，$|r| < 1$ のとき
$$a + ar + ar^2 + ar^3 + \cdots\cdots = a \cdot \frac{1}{1-r}$$
と教わる．整合性のあるのは伝統的な形である．

等比数列の和の公式のついでに，p.19 の公式
$$a^k - b^k = (a-b)(a^{k-1} + a^{k-2}b + a^{k-3}b^2 + \cdots + b^{k-1})$$
との関連に触れておく．$a \neq b$ のときには $a^{k-1} + a^{k-2}b + a^{k-3}b^2 + \cdots + b^{k-1}$ は初項 a^{k-1}，公比 $\dfrac{b}{a}$，項数 k の等比数列の和と考えることができて

$$a^{k-1} + a^{k-2}b + a^{k-3}b^2 + \cdots + b^{k-1} = a^{k-1} \cdot \frac{1 - \left(\dfrac{b}{a}\right)^k}{1 - \dfrac{b}{a}} = \frac{a^k - b^k}{a - b}$$

となる．ここで分母をはらえば
$$(a-b)(a^{k-1} + a^{k-2}b + a^{k-3}b^2 + \cdots + b^{k-1}) = a^k - b^k$$
となる．

（コ）**【完全数】** 自然数 n の n より小さい正の約数（1 を含む）の総和が n になるとき，n を完全数という．ただし，完全数の問題を考えるときには，n を含めた正の約数の総和が $2n$ になるという式を立てる．これは後の問題で演習する．

例・ $6 = 1 + 2 + 3$, $28 = 1 + 2 + 4 + 7 + 14$ なので 6, 28 は完全数である．

!注意 **【意味づけ】**「神は 6 日で世界を作り，7 日目にお休みになった」
「月は 28 日で地球のまわりを一周する」
このように，宇宙は「意味のある数でコントロールされている」と考えた人達がいたそうです．古代のロマンですねえ．

（サ）**【友愛数】** a の a より小さい正の約数（1 を含む）の和が b になり，b の b より小さい正の約数の和が a になる，異なる自然数 a と b を友愛数という．

例・ 最も古く知られた友愛数は 220 と 284 である．
$1 + 2 + 4 + 5 + 10 + 11 + 20 + 22 + 44 + 55 + 110 = 284$
$1 + 2 + 4 + 71 + 142 = 220$

〈友愛数の友人〉

問題 3 1050 の正の約数は (あ) 個あり，その約数のうち 1 と 1050 を除く正の約数の和は (い) である．また，(い) の正の約数は (う) 個あり，その約数のうち 1 と (い) を除く正の約数の和は (え) である．

(星薬科大・推薦)

考え方 素因数分解をして，公式を使います．

解答 $1050 = 2 \cdot 3 \cdot 5^2 \cdot 7$ の正の約数は

$$(1+1) \cdot (1+1) \cdot (1+2) \cdot (1+1) = \mathbf{24}(個)$$

ある．その約数のうち，1 と 1050 を除く和は

$$(1+2)(1+3)(1+5+5^2)(1+7) - (1+1050)$$
$$= 2976 - 1051 = \mathbf{1925}$$

$1925 = 5^2 \cdot 7 \cdot 11$ の正の約数は

$$(1+2) \cdot (1+1) \cdot (1+1) = \mathbf{12}(個)$$

ある．その約数のうち，1 と 1925 を除く和は

$$(1+5+5^2)(1+7)(1+11) - (1+1925)$$
$$= 2976 - 1926 = \mathbf{1050}$$

注意 【大学教授は良問を作ろう！】高校生に解いてもらうと「おっ，元に戻った」と声があがります．最初の数が 1050 で，最後の数が 1050 だからです．簡単で，目をひく問題は練習には絶好です．知識が豊富な大学教授は，こうした良問を作って，入門者の学習意欲を高めるようにするべきです．星薬科大の出題者に「良問で賞」を贈りましょう．

友愛数は 1 を含むけれど，今は 1 を除くので，友愛数ではありません．友愛数の友人です．

⟨約数の個数の論証⟩

問題 4 正の整数 n の正の約数の個数を $d(n)$ で表す．$d(5)=2$，$d(6)=4$ である．$d(n)$ が奇数のとき，n は平方数（自然数の 2 乗の形の数）であることを証明せよ． (慶応大・理工)

考え方 素因数分解をして，公式を使うだけです．ただし $n=1$ の場合は素因数分解ができないので別に扱うことにします．

解答 （ア）$n=1$ のとき．n の正の約数は 1 だけで，$d(n)=1$ は奇数，1 は平方数だから成り立つ．
（イ）$n \geqq 2$ のとき．n は異なる素数 $p_1, p_2, p_3, \cdots$ と正の整数 $k_1, k_2, k_3, \cdots$ を用いて

$$n = p_1{}^{k_1} p_2{}^{k_2} p_3{}^{k_3} \cdots\cdots$$

の形に，ただ一通りに表現できる．n の正の約数の個数 $d(n)$ は

$$d(n) = (1+k_1)(1+k_2)(1+k_3)\cdots$$

となる．$d(n)$ が奇数になるとき，$1+k_1, 1+k_2, 1+k_3, \cdots$ がすべて奇数であり，そのとき $k_1, k_2, k_3, \cdots$ はすべて偶数になる．

$$n = p_1{}^{k_1} p_2{}^{k_2} p_3{}^{k_3} \cdots\cdots$$

の指数が偶数だから n は平方数である．

注意 【文章を少し変えるだけで難しそうに見える】実は，上の問題文は，原題とは少し変えてあります．原題は「正の整数 n の正の約数の個数を $d(n)$ で表す．$d(n)$ が奇数であることは，n がある整数 m を用いて $n=m^2$ と表されることと同値であることを証明せよ」というものでした．「同値」とあると，多くの生徒が，難しいことをしなければならないのかと身構え，手が止まります．原題の解答にするためには，実際には，言葉をほんの少し書き換えるだけです．見かけにごまかされてはいけないのは，人生の出会いと同じです．

【原題の解答の主要部分】$d(n)$ が奇数になるための必要十分条件は $1+k_1, 1+k_2, 1+k_3, \cdots$ がすべて奇数になることで，それは $k_1, k_2, k_3, \cdots$ がすべて偶数になることである．すなわち，

$$n = p_1{}^{k_1} p_2{}^{k_2} p_3{}^{k_3} \cdots\cdots$$

の指数が偶数になることであり，$n = m^2$ の形になることである．

―〈完全数の形〉―

問題 5 正の整数 n に対し n の正の約数すべての和を $S(n)$ とおく. ただし, 1 と n も約数とする.
（1） 素数 p, 正の整数 a に対し, $n = p^a$ とおく. $S(n)$ を p と a で表せ.
（2） 相異なる素数 p, q, 正の整数 a, b に対し, $n = p^a$, $m = q^b$ とおく. このとき $S(mn) = S(n)S(m)$ が成立することを証明せよ.
（3） 正の整数 a について $2^a - 1$ が素数とする. このとき, $n = 2^{a-1}(2^a - 1)$ とおくと, $S(n) = 2n$ が成立することを証明せよ. （お茶の水女子大）

考え方 公式を使います. 証明で何を書けばよいのか, 迷う人もいると思います.（2）,（3）は証明をしようとするのではなく, $S(mn)$ や $S(n)$ を求めようとすれば, それが結果的に証明することになるというタイプの問題です.

Action▷ 証明は求めるだけの問題も多い

（3） $2^a - 1$ は素数だというのですから $2^a - 1 = q$ と置きましょう. すると $n = 2^{a-1}(2^a - 1) = 2^{a-1}q$ となり,（2）の形が使えそうだとわかります. ただし $q \neq 2$ を言っておかないといけません.

（1） p^a の約数は $1, p, p^2, \cdots, p^a$ だから

$$S(n) = 1 + p + p^2 + \cdots + p^a = \frac{1 - p^{a+1}}{1 - p}$$

$$= \frac{p^{a+1} - 1}{p - 1}$$

（2） $mn = p^a q^b$ の約数は

$1, p, p^2, \cdots, p^a$

$q, pq, p^2 q, \cdots, p^a q$

$q^2, pq^2, p^2 q^2, \cdots, p^a q^2$

……

$q^b, pq^b, p^2 q^b, \cdots, p^a q^b$

これらの和は

$$S(mn) = (1+p+p^2+\cdots+p^a) + (1+p+p^2+\cdots+p^a)q$$
$$+ (1+p+p^2+\cdots+p^a)q^2 + \cdots\cdots + (1+p+p^2+\cdots+p^a)q^b$$
$$= (1+p+p^2+\cdots+p^a)(1+q+q^2+\cdots+q^b) = S(n)S(m)$$

（3） $2^a - 1 = q$ とおくと $2^a - 1$ は奇数だから q は奇数の素数であり（☞注意1°），$q \neq 2$ である．（2）を用いて

$$S(n) = S(2^{a-1}q) = S(2^{a-1})S(q)$$
$$= (1+2+\cdots+2^{a-1})(1+q) = 1 \cdot \frac{1-2^a}{1-2}(1+q)$$
$$= (2^a-1)\{1+(2^a-1)\} = 2^a(2^a-1)$$

$n = 2^{a-1}(2^a - 1)$ だから $2^a(2^a - 1) = 2n$ である．よって $S(n) = 2n$

!注意 1° q は素数だから，q の約数は 1 と q 自身です．よって $S(q) = 1 + q$ です．

2°【**偶数の完全数の一般形**】偶数の完全数は，a を自然数として $2^a - 1$ が素数で $2^{a-1}(2^a - 1)$ の形のものに限る（それ以外の形のものはない）ことが知られています．証明は少し難しいので，書きません．ただし，a はどんな自然数でもよいわけではありません．$2^a - 1$ が素数になるものです．$a = 2, 3$ は適しますが $a = 4$ のときには $2^4 - 1 = 15$ は素数ではないため，不適です．

奇数の完全数は知られていません．

最大公約数と最小公倍数

（ア）2つの正の整数 a, b に対して，両方に共通する正の約数を公約数という．公約数のうちで最大のものを最大公約数という．単純に「約数」といえば，負の約数も考えるが，公約数というときは正の約数だけをいう．

（イ）2つの正の整数 a, b に対して，両方に共通する正の倍数を公倍数という．公倍数のうちで最小のものを最小公倍数という．

!注意 1°【略語について】 最大公約数は英語で Greatest Common Measure や Greatest Common Divisor などといい G.C.M. や G.C.D. などの省略形で記述されます．最小公倍数は Least Common Multiple などといい，L.C.M. などの省略形で記述されます．ただし，私は，これらの略語がゴチャゴチャになってしまうので，本書では略語や英語は書きません．

2° Common に対する訳語が「おおやけ」とは大げさです．最大共通約数，最小共通倍数という訳語の方が自然で，かつ，解法を暗示する上で適切です．

例● 72 と 420 は $72 = 2^3 \cdot 3^2$，$420 = 2^2 \cdot 3 \cdot 5 \cdot 7$ となります．最大公約数を G とすると，両方に共通な部分を最も多く取って $G = 2^2 \cdot 3 = 12$ です．さらに $72 = G \cdot 2 \cdot 3$，$420 = G \cdot 5 \cdot 7$ となり，残りの $2 \cdot 3$ と $5 \cdot 7$ には共通なものがありません．この $G, 2 \cdot 3, 5 \cdot 7$ を取ったのが最小公倍数で，最小公倍数を L とすると $L = G \cdot 2 \cdot 3 \cdot 5 \cdot 7$ です．

3°【互いに素】 以前も書きました．「互いに素」とは，1 はそのままにして，2 以上の数を素因数分解したときに，それらに共通な素数がないことです．

（ウ）【最大公約数と最小公倍数の関わる公式】a, b は自然数で，これらの最大公約数を G，最小公倍数を L とすると，$GL = ab$ が成り立つ．

【証明】$a = Ga'$，$b = Gb'$（a', b' は互いに素な自然数）とおけて，$L = Ga'b'$ である．ゆえに $GL = G^2 a' b' = ab$ である．

$GL = ab$ というこの公式は，参考書や教科書傍用問題集，大学の整数論の本ではよく見るけれど，私自身は，問題を解くときに使ったことがありません．ただし，今後問題を解く過程で，証明のプロセスは何度も出てきます．そのための紹介であり「公式 $GL = ab$ を覚えて使いましょう」ということではありません．

⟨最大公約数と最小公倍数の論証⟩

問題 6 2つの正の整数 a, b の最大公約数を G, 最小公倍数を L とする. $G + L = a + b$ のとき a, b の一方は他方で割り切れることを証明せよ.

考え方 生徒の中には, 見たことがある問題は解けるが, 見たことがない問題はお手上げになるという人達が少なくありません. それではいけません. ひとまず, $a = Ga'$, $b = Gb'$ (a', b' は互いに素な自然数) とおいて, 始めるしか方法はありません. その後のことは計算の成り行きに任せます.

Action▷ 着実な第一歩を定式化する

解答▶ $a = Ga'$, $b = Gb'$ (a', b' は互いに素な自然数) とおいて, $L = Ga'b'$ である. ゆえに $G + L = a + b$ より

$$G + Ga'b' = Ga' + Gb' \quad \therefore \quad 1 + a'b' = a' + b'$$
$$a'b' - a' - b' + 1 = 0 \quad \therefore \quad (a' - 1)(b' - 1) = 0$$

よって $a' = 1$ または $b' = 1$ である.

$a' = 1$ のときは $a = G$, $b = Gb'$ だから $b = ab'$ となり, b が a で割り切れる. $b' = 1$ のときは, 同様に a が b で割り切れる. 以上で証明された.

!注意 【∴ という記号について】$A = B$ という式があり, 簡単な変形で $C = D$ という式が導かれる場合に

$$A = B \quad \therefore \quad C = D$$

と書く形式があります. こうすると, 式と式の区切りが明確で, 横に式が詰め込めるため, 場所が効率的に使えて便利です. 本書を書いている組版システム TeX はクヌースという学者が作ったものですが, TeX の AMS という記号セットには ∴ があり, かつては, 大学の数学の記号として正式に認められていたことがわかります. 現在, 大学の数学の記号としては使われず, 欧米では,

$$A = B$$
$$C = D$$

と書くように教えられます. 日本では, 解答用紙や, 参考書のスペースの問題もあり, 受験の世界には, 依然として残っています. ∴ は「ゆえに」と読み, 英語では therefore といいます. なお, 日本では幾何ではおおっぴらに (?) 使われていますが, 幾何用の記号というわけではありません.

剰余による分類

a は2以上の正の整数とする．任意の整数 x は $x = ak + r$ (k, r は整数, $0 \leqq r \leqq a-1$) の形に書ける．このとき x を a で割ったときの余りが r, 商が k であるという．

例 $-5 = 3 \cdot (-2) + 1$ だから，-5 を3で割ると商は -2, 余りは1である．商が負の数というのは小学校的感覚からすると気持ちが悪いが，しょうがない．

例 図のように，数直線上で整数を3つおきに結び

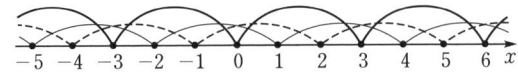

(a) $\cdots, -6, -3, 0, 3, 6, \cdots$ を1つのグループ
(b) $\cdots, -5, -2, 1, 4, 7, \cdots$ を1つのグループ
(c) $\cdots, -4, -1, 2, 5, 8, \cdots$ を1つのグループ

と考える．この分類によって整数全体は3つのグループに分類され，1つの整数はどれか1つのグループだけに入る．

最初のグループは3の倍数の集合，第2のグループは3で割って余りが1になる整数の集合，第3のグループは3で割って余りが2になる整数の集合である．各グループの整数は順に

$$3k, \; 3k+1, \; 3k+2 \quad (k = \cdots, -2, -1, 0, 1, 2, \cdots)$$

と表せる．各グループの代表選手として $0, 1, 2$ を採用し，他の選手は3つおきにとっているから $3k, 3k+1, 3k+2$ のどれか1つの形に書けるが，代表選手の採用は $0, 1, 2$ でなければならないわけではなく2のかわりに -1 を採用し $3k, 3k+1, 3k-1$ と分類したほうがよい場合もある．

例 $k = \cdots, -2, -1, 0, 1, 2, \cdots$ として，偶数は $2k$, 奇数は $2k+1$ と書ける．奇数を $2k-1$ と書く場合もある．

!注意 **1°【法】**基準とする整数で割った余りで整数を分類しています．$x = ak + r$ の形に分類する場合，a を法（modulus）といいます．法律というのは社会の基準であり，今は a を基準として考えているということです．

2°【覚えておこう】このタイプで一番有名な事実は次の事実です．
平方数（整数の2乗の形の数）を4で割ったときの余りは0または1である．

【証明】k を任意の整数として,
$$(2k)^2 = 4k^2, \quad (2k+1)^2 = 4(k^2+k)+1$$
だから平方数を 4 で割ったときの余りは 0 または 1 である. 偶数の 2 乗は 4 で割って余りが 0, 奇数の 2 乗は 4 で割って余りが 1 である.

3°【計算過程で法が変わる】 上の証明で注意してほしいことがあります. 最初は偶数か奇数かで分類し $2k$, $2k+1$ と書きました. この法は 2 です. そして, 導かれたのは 4 で割った余りについてのことです. このように, 計算をしていく過程で, 式の形から着目する法が変わる場合があります.

4°【戯れ言】 安田は貧乏な家庭に生まれました. 祖母と両親は小学校しか出ておらず, 祖母の口癖は「世が世ならワシは女医さんだわ」でした. 勉強は学年で 1 番だったので, 経済状態さえよければ上の学校に行って医者になりたかったというのです. 子供には学問を身につけさせたいと願った母は知人, 親戚から本を貰い集め, 対象年齢も定かでない本が家にはあふれていました.「本を読みゃあよ」が母の口癖でした.

親の願いとは裏腹に, 私は勉強があまり好きではなく, 小学校のときには村の子供を集めた野球チームを作り, 隣村のチームと野球ばかりしていました.

あるとき事故が起こりました. すっぽ抜けたバットがキャッチャーの眉間を直撃したのです. みるみる間に腫れあがるタンコブの大きさに, 皆, 縮み上がりました.「僕, 死ぬのかな」と言いながら, 一成君は病院まで歩いて行ったのです.

野球が立ち消えになったので, 暇つぶしに, 母が貰ってきた本の 1 冊を読んでいたときのことです. ページをめくると, ハラリと何かが落ちました. 手に取って見ると「見返り美人」という名前の, 高価な切手ではありませんか. 折しも日本は切手ブームです. 突然舞い降りた贈り物！ それ以来, 私は本を開くのが苦でなくなりました. 次は「月に雁」が手に入るかもしれません. 動機が不純だ. 残念なことに, プレゼントは二度と現れませんでした.

数学を題材にしたパズル本がありました. 答えを見ても理解不能な問題が多かったので, おそらく, 高校生向けだったに違いありません.「隣り合う整数は互いに素」「平方数を 4 で割ると余りは 0 か 1」などが断片的な記憶として残っています. 小学生には証明などできませんから「$3 \times 3 = 9$ を 4 で割ると余りは 1 だ」と納得するだけです.

私はこの貧乏話をよく生徒にします.「隣り合う整数は互いに素」「平方数を 4 で割ると余りは 0 か 1」を覚えて欲しいからです. でも, あまり覚えてはくれず「先生が貧乏だったのは覚えています」と皆が言います. 親の心子知らずですね.

〈剰余による分類〉

問題 7 n を奇数とする．次の問いに答えよ．
(1) $n^2 - 1$ は 8 の倍数であることを証明せよ．
(2) $n^5 - n$ は 3 の倍数であることを証明せよ．
(3) $n^5 - n$ は 120 の倍数であることを証明せよ．

(千葉大・理系)

考え方 (1) 奇数とは正の奇数だけでなく，負の奇数も含みます．k を任意の整数として $n = 2k + 1$ とおきましょう．

ここで有名な事実「2 つの連続する整数 $k, k+1$ の積 $k(k+1)$ は 2 の倍数」が出てきます．$k, k+1$ のどちらかは偶数だからです．

連続する 3 個の整数の積なら 6 の倍数（その中には 3 の倍数が 1 個，2 の倍数は少なくとも 1 個あるから），5 連続整数の積なら $5! = 5 \cdot 4 \cdot 3 \cdot 2 \cdot 1 = 120$ の倍数です．

Action▷ 連続する k 個の整数の積は $k!$ の倍数

(2) 展開について：
$$(a+b)^2 = a^2 + 2ab + b^2$$
$$(a+b)^3 = a^3 + 3a^2b + 3ab^2 + b^3$$
$$(a+b)^4 = a^4 + 4a^3b + 6a^2b^2 + 4ab^3 + b^4$$
$$(a+b)^5 = a^5 + 5a^4b + 10a^3b^2 + 10a^2b^3 + 5ab^4 + b^5$$

一般に，
$$(a+b)^n = a^n + {}_nC_{n-1}a^{n-1}b + \cdots + {}_nC_k a^k b^{n-k} + \cdots + {}_nC_1 ab^{n-1} + b^n$$

となります．この展開公式を二項展開（二項定理，範囲は数学 II）といいます．${}_nC_k$ は組合せの数（範囲は数学 A）です．

$$(3k+r)^5 = (3k)^5 + 5(3k)^4 r + 10(3k)^3 r^2 + 10(3k)^2 r^3 + 5(3k)r^4 + r^5$$

となり，3 の掛かっている項は 3 の倍数です．それらをまとめて

$$(3k+r)^5 = 3M + r^5 \quad (M \text{ は整数})$$

とおけます．

$n^5 - n$ が 3 の倍数であることを証明するのですが，この場合は n を 3 で割った余りで分類します．$n = 3k, 3k+1, 3k+2$ と分類してもよいですが，$3k+2$ の代わりに $3k-1$ とした方が出てくる値が小さくなります．

$n=3k+r$ とおくと，n^5-n の n を r に変えた r^5-r がどうなるかを調べればよいというのが問題の本質です．
生徒：「n は奇数という条件がついています．そのことは無視しているのですか？」
無視なんかしていません．奇数は

$$\cdots, -5, -3, -1, 1, 3, 5, \cdots$$

です．ここから任意に1つとって，それを n とします．n を3で割ってください．余りはなんですか？ 余りは0か1か2です．だから $n=3k$，$n=3k+1$，$n=3k+2$ のどれかの形になるのです．
生徒：「だまされた気分です．結局，奇数ということは効いてこないのですね？」
奇数か偶数かは2を法とした世界の話です．3の倍数になるかならないかは3を法とした世界の話です．3の倍数になることを証明するために，なぜ2で割ったら余りが1になる（奇数）という条件を使う必要があるのか，教えて欲しい．
生徒：「問題文に書いてあることは使うものでしょう？」
数学では「その設問では使わない条件」はざらにあります．書いてあることを全部使うのがよいと思ったら大間違いです．どうしても奇数という条件を明示的に使いたいなら $n=2k+1$ として，さらに $k=3l+r\,(r=0,1,2)$ とおくことになります．しかし，こうすると r^5-r に直結せず，感心できません．
（3） $120=3\cdot5\cdot8$ と分解して考えます．ここでは「5の倍数であること」を証明するために5を法とします．**目的に合わせて法を選ぶ**という姿勢が重要です．

5を法とする場合，$n=5k+r\,(r=0,1,2,3,4)$ と分類してもよいですが，5で割った余りの世界では4は -1 と同じグループ，3は -2 と同じグループです．32ページの3つおきの図を，今度は5つおきで考えてください．だから $r=0,\pm1,\pm2$ と書いてもよいわけです．

なお，（1）は8の倍数であることを証明しますが，n を8で割った余りで分類する人はいません．「$n=2k+1$ と書けば結論が近い」ことがすぐわかるからです．

解答 以下 k は任意の整数，r, N は整数である．
（1） n は奇数だから $n=2k+1$ とおける．
$$n^2-1=(2k+1)^2-1=4k^2+4k=4k(k+1)$$
$k, k+1$ は連続する2整数だから一方は偶数である．よって $k(k+1)$ は2の倍数だから n^2-1 は8の倍数である．
（2） $n=3k+r\,(r=0,1,-1)$ として $n^5-n=(3k+r)^5-(3k+r)$ の5乗の展開をすると
$$n^5-n=3N+(r^5-r)$$

の形になる．$r=0,1,-1$ を r^5-r に代入すると，いずれの場合も $r^5-r=0$ となる．ゆえに n^5-n は3の倍数である．

（3） $n=5k+r$ $(r=0,\pm 1,\pm 2)$ として展開すると
$$n^5-n=5N+(r^5-r)$$
の形になる．

$r=0,\pm 1$ のとき $r^5-r=0$

$r=2$ のとき $r^5-r=32-2=30$

$r=-2$ のとき $r^5-r=-32+2=-30$

となり r^5-r は5の倍数だから n^5-n は5の倍数である．
$$n^5-n=n(n^4-1)=n(n^2-1)(n^2+1)$$
と書けて，（1）より n^2-1 は8の倍数だから n^5-n は8の倍数である．また（2）より n^5-n は3の倍数である．以上から n^5-n は $8\cdot 3\cdot 5=120$ の倍数である．

!注意 1° （2） $n=3k+r$ $(r=0,1,2)$ を用いると $r=2$ のときは $r^5-r=30$ となる．

2°【120の倍数だけでなく240の倍数】（3）では240の倍数であることがわかります．（1）より $n^2=8L+1$ （L は整数）とおけて
$$n^5-n=n(n^2-1)(n^2+1)=n(8L)(8L+2)=16nL(4L+1)$$
は16の倍数である．したがって n^5-n は $16\cdot 3\cdot 5=240$ の倍数である．

3°【剰余による分類をしない解法】次は3連続整数の積や5連続整数の積を変形によって作り出す方法です．

別解 （2） $n^5-n=n(n^2-1)(n^2+1)=(n-1)n(n+1)(n^2+1)$
と書けて，$(n-1)n(n+1)$ は3連続整数 $n-1, n, n+1$ の積だからこの中に3の倍数があり，n^5-n は3の倍数である．

（3） $n^5-n=(n-1)n(n+1)(n^2+1)$ で $n^2+1=(n^2-4)+5$ と変形し，
$$n^5-n=(n-1)n(n+1)\{(n^2-4)+5\}$$
$$=(n-1)n(n+1)(n^2-4)+5(n-1)n(n+1)$$
$$=(n-2)(n-1)n(n+1)(n+2)+5(n-1)n(n+1)$$
となる．$(n-2)(n-1)n(n+1)(n+2)$ は5連続整数の積だから $5!=120$ の倍数である．$(n-1)n(n+1)$ は3連続整数の積だから3の倍数であり $(n-1)(n+1)=n^2-1$ は8の倍数だから $5(n-1)n(n+1)$ は $5\cdot 3\cdot 8=120$ の倍数である．

〈剰余による分類〉

問題 8 a, b, c は $a^2 + b^2 = c^2$ を満たす整数とする．次のことを証明せよ．
（1） a, b の少なくとも1つは偶数である．
（2） a, b の少なくとも1つは4の倍数である．
（3） a, b, c の少なくとも1つは5の倍数である．

考え方 （1） $a^2 + b^2 = c^2$ をピタゴラス方程式といい，それに関する有名な問題です．「少なくとも1つが」という文章は，数学の問題では数多く登場します．確率では余事象（そうでない場合）を考えるのが定石です．証明問題では，背理法を用いることが多いので覚えておきましょう．

（a の偶奇, b の偶奇）は（偶, 偶），（奇, 偶），（偶, 奇），（奇, 奇）の4通りあり，今は最初の3つの形のいずれかになることを示します．そのためには最後の形の場合が不適であることを証明します．このとき，c を放っておいたらいけません．c の偶奇も判断して a, b, c を2で割った剰余で分類して書いていきます．なお，偶数・奇数論については（☞注意1°）．

Action ▷ 「少なくとも1つ」ときたら
証明問題なら背理法

（2）（偶, 偶），（奇, 偶），（偶, 奇）の場合を考察します．
（3）ここでも背理法で論証します．今度は5で割った剰余で考えます．前問でやったように，$a = 5k + r \ (r = 0, 1, 2, 3, 4)$ より $a = 5k + r \ (r = 0, \pm 1, \pm 2)$ の方が書きやすいでしょう．

解答 ▷ 以下，文字はすべて整数とする．

$$a^2 + b^2 = c^2 \quad \cdots\cdots ①$$

（1）背理法で証明する．a, b が両方とも奇数であると仮定すると①の左辺は奇数＋奇数＝偶数 になるので c^2 も偶数，ゆえに c は偶数である（☞注意2°）．よって $a = 2k + 1, \ b = 2l + 1, \ c = 2m$ とおけて，① に代入し

$$(2k+1)^2 + (2l+1)^2 = (2m)^2$$

$$4(k^2 + k + l^2 + l) + 2 = 4m^2$$

左辺は4で割って余りが2，右辺は4の倍数だから矛盾する．ゆえに a, b の少なくとも1つは偶数である．

(**2**) （ア）a, b がともに偶数のとき．$a^2 + b^2 = c^2$ の左辺は偶数なので c も偶数になる．$a = 2a', b = 2b', c = 2c'$ とおいて，①に代入し，両辺を 4 で割ると $a'^2 + b'^2 = c'^2$ となる．(1) より a', b' の少なくとも 1 つは偶数だから $a = 2a', b = 2b'$ の少なくとも 1 つは 4 の倍数である．
（イ）a が偶数，b が奇数のとき．①の左辺は奇数なので c も奇数になる．よって $a = 2k, b = 2l+1, c = 2m+1$ とおいて，①に代入し

$(2k)^2 + (2l+1)^2 = (2m+1)^2$

$4k^2 + 4l^2 + 4l + 1 = 4m^2 + 4m + 1$

$k^2 = m(m+1) - l(l+1)$ ···②

$m(m+1)$ と $l(l+1)$ はそれぞれ連続 2 整数の積だから偶数である．②の右辺は偶数だから k^2 も偶数である．ゆえに k も偶数だから $a = 2k$ は 4 の倍数である．
（ウ）a が奇数，b が偶数のときも（イ）と同様である．

以上で証明された．

(**3**) 背理法で証明する．a, b, c がすべて 5 の倍数でないと仮定する．a は 5 の倍数でないから $a = 5k + r \ (r = \pm 1, \pm 2)$ とおいて，

$a^2 = 25k^2 + 10kr + r^2 = 5(5k^2 + 2kr) + r^2$

ここで $5k^2 + 2kr = A, r^2 = A'$ とおくと

$a^2 = 5A + A', \ (A' = 1, 4)$

とおける．同様に

$b^2 = 5B + B', \ (B' = 1, 4), \ c^2 = 5C + C', \ (C' = 1, 4)$

とおける．①に代入し

$5A + A' + 5B + B' = 5C + C'$ ∴ $A' + B' - C' = 5(C - A - B)$

右辺は 5 の倍数だが左辺は 5 の倍数でないので矛盾する．ゆえに a, b, c の少なくとも 1 つは 5 の倍数である．ただし $A' + B' - C'$ のとる値については以下のようにわかる（少し工夫した形は☞注意3°）．

$A' + B'$ の値は $(A', B') = (1, 1), (1, 4), (4, 1), (4, 4)$ のとき順に 2, 5, 5, 8 となる．2, 5, 8 から 1 を引くと 1, 4, 7 であり，2, 5, 8 から 4 を引くと $-2, 1, 4$ だから $A' + B' - C'$ のとりうる値は $-2, 1, 4, 7$ である．$A' + B' - C'$ は 5 の倍数ではない．

!注意 1°【偶数・奇数論】次に述べるのは，ユークリッド（紀元前 3 世紀）の原論第 9 巻に書かれていたとされる偶数・奇数論です．命題 21～29 の途中を 2 つ

飛ばし，出てくる順に

$$\text{偶数} + \text{偶数} = \text{偶数}, \text{偶数} - \text{偶数} = \text{偶数}, \text{偶数} - \text{奇数} = \text{奇数},$$
$$\text{奇数} - \text{奇数} = \text{偶数}, \text{奇数} - \text{偶数} = \text{奇数},$$
$$\text{偶数} \times \text{奇数} = \text{偶数}, \text{奇数} \times \text{奇数} = \text{奇数},$$

です．ただし，こうした考察はもっと古く，プラトン（紀元前 427-347）が行っていたそうです．「これらを覚えるのですか？」と聞かれたことがありますが，普通は覚えません．偶数×奇数 はなんだろう？ と思ったら頭の中で「$2m \times (2k-1)$ として，素因数 2 があるから偶数だ」と考えます．こんな，小学生でもわかることに「命題」と付けていたユークリッドの思考を偉いと思う人もいますが「ばっかじゃないの？」と思ったのは，中学のときの私です．(x_x)☆\(^^;)ポカ

2°【平方数が偶数のとき】 c^2 が偶数のとき，素因数分解すると $c^2 = 2 \times \cdots$ という形になり，素因数 2 があります．だから c も素因数 2 をもち，c は偶数です．

3°【4 の代わりに -1 を使うと】 $4 = 5 + (-1)$ だから $a^2 = 5A + 4$ の代わりに $a^2 = 5A - 1$ の形を使うことにして

$$a^2 = 5A + A', \quad (A' = 1, -1)$$

とおける．同様に

$$b^2 = 5B + B', \quad (B' = 1, -1), \quad c^2 = 5C + C', \quad (C' = 1, -1)$$

とおける．①に代入し

$$5A + A' + 5B + B' = 5C + C' \qquad \therefore \quad A' + B' - C' = 5(C - A - B)$$

となる．$-3 \leq A' + B' - C' \leq 3$ かつ $A' + B' - C' \neq 0$ だから $A' + B' - C' = 5(C - A - B)$ の右辺は 5 の倍数だが左辺は 5 の倍数でないので矛盾する．

ユークリッドの互除法とディオファントス方程式

古くは $ax+by+c=0$ (a, b, c, x, y は整数) の形の方程式を「ディオファントスの不定方程式」といいました．最近は「多項式 $=0$」のタイプをまとめて，ディオファントス方程式と呼ぶそうです．

〈1次のディオファントス方程式〉

例題▶ 1次方程式 $3x=5y+1$ を満たす整数 x, y をすべて求めよ．

考え方 「特殊解を見つけて辺ごとに引く」という解法が最も普及しています．係数が小さいと，方程式を見た途端に $3\cdot2=5\cdot1+1$ がパッと閃きます．

解答▶
$$3x=5y+1 \quad\cdots\cdots\text{①}$$
$$3\cdot2=5\cdot1+1 \quad\cdots\cdots\text{②}$$

① $-$ ② より
$$3(x-2)=5(y-1) \quad\cdots\cdots\text{③}$$

右辺は5の倍数だから左辺も5の倍数である．3と5は互いに素だから (☞注意1°) $x-2$ が5の倍数であり，$x-2=5k$ (k は整数) とおける．③ に代入し
$$3\cdot 5k=5(y-1) \quad \therefore \quad y-1=3k$$

よって $x=5k+2$, $y=3k+1$ (k は任意の整数)

注意 **1°【互いに素という言葉は必要？】** 以下は安田の個人的意見です．同意できない方は無視してください．「ここで互いに素という言葉を書けと言われたのですが，書かなければいけないのですか？」という質問をよく受けます．そのように書けと言われる先生が多いので，一応書いてみました．学校の先生に気に入られないと生徒に薦めてもらえませんからね．しかし，3と5は数が小さいので，わざわざ書くほどではないと感じます．学校 (予備校) では先生に合わせてください．③ に相当する式が，もし $35(x-2)=12(y-1)$ になったならば，35を構成する素数 (5と7) と12を構成する素数 (2と3) が違うものだと確認して「35と12は互いに素だから」と書きたくなります．

2°【係数が大きくなると】 特殊解を見つける解法は「方程式の係数が大きくなると特殊解が閃かない」という欠陥があります．その場合にも次の問題の解法「割って係数を小さくしていく」ことは有効です．

別解 $3x = 5y+1$ より x について解いて $x = \dfrac{5y+1}{3}$

分子の係数を小さくすることを考え，
$$x = \dfrac{6y-(y-1)}{3} = 2y - \dfrac{y-1}{3}$$
これが整数だから $y-1$ は 3 の倍数で $y-1 = 3k$ (k は整数) とおける．$y = 3k+1$ を $x = 2y - \dfrac{y-1}{3}$ に代入し
$$x = 2(3k+1) - k = 5k+2$$
よって $\boldsymbol{x = 5k+2,\ y = 3k+1}$ ($\boldsymbol{k}$ は任意の整数)

!注意 3°【方程式の解の図解】$3x = 5y+1$ を満たす整数 x, y を考えることは，直線 $y = \dfrac{3x-1}{5}$ 上の格子点（x 座標と y 座標が整数の点）を考えるのと同じです．図示をすると，この直線上には点 $(2, 1)$ という格子点が乗っており，そこから横に 5，縦に 3 進んだところに次の格子点が乗っています．横 5，縦 3 の長方形が細胞のようにつながっていて，格子点の x 座標と y 座標が $x = 5k+2,\ y = 3k+1$ (k は任意の整数) になるのです．

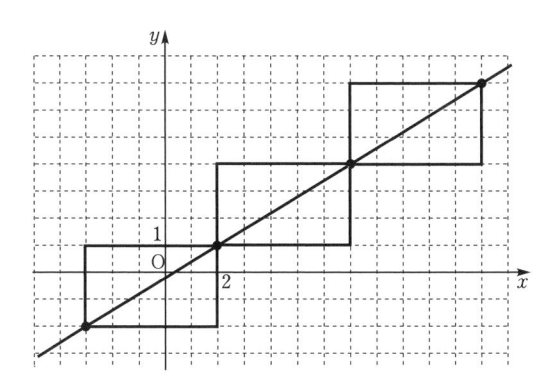

【ユークリッドの互除法】▷▶

　今はもうオジサンになってしまったI君が小さかったときの話です．I君の近所には大学教授のH先生が住んでいました．ある日，道でバッタリ出会いました．
H先生：「Iちゃん，どこへ行くんだい？」
I君：「塾だよ．今日は算数だい．」
H先生：「感心だね．ところで，252と60の最大公約数を求められるかな？」
I君：「簡単だよ．ちょっと待って，ノートを出すから．素因数分解して…，最大公約数は12さ」
H先生：「じゃあ，466883と661643の最大公約数を求められるかな？」
I君：「……」
I君：「おじちゃん，物を知っていることが偉いと思ったら大間違いだよ」
これは実話に基づくフィクションです．

　小学校で最大公約数を習うとき，素因数分解してから最大公約数を求めることを学びます．しかし，数が大きくなると，素因数分解は急速に面倒になります．そこで，I君に次のことを教えてあげましょう．

【ユークリッドの互除法の原理】正の整数 a と b $(2 \leqq b < a)$ について，a, b の最大公約数を (a, b) で表すとき，$(a, b) = (a - b, b)$ である．

　小学生に証明は不要でしょう．a と b が最大公約数 G を含んでいれば（含むとは，素因数分解したときに G が入っているという意味）$a - b$ も G を含んでいるからだねと言えば，少年も納得するはずです．大きい方を「大きい方から小さい方を引いた数で置き換えればよい」のです．小学生にも十分計算可能です．

　次に実際に計算をしてみせますが，466883と661643は，さすがに数が大きすぎるので，少し数を小さくします．
I君への課題：「2176と629の最大公約数を求めなさい」
【ユークリッドの互除法の書き方1】
　　　　$(2176, 629) = (2176 - 629, 629) = (1547, 629) = (1547 - 629, 629)$
　　　　$= (918, 629) = (918 - 629, 629) = (289, 629)$
2176から629を3回も引くことになりました．まとめて3回引く方が効率的です．もう一度初めから書くと
　　　　$(2176, 629) = (2176 - 629 \times 3, 629) = (289, 629)$
　　　　$= (289, 629 - 289 \times 2) = (289, 51)$

$$= (289 - 51 \times 5,\ 51) = (34,\ 51) = (34,\ 51 - 34)$$
$$= (34,\ 17) = (17 \times 2,\ 17) = \mathbf{17}$$

実際，$2176 = 17 \times 128$，$629 = 17 \times 37$ となります．

【ユークリッドの互除法の書き方2】 内容的には「書き方1」と同じですが，これを積み上げていく（積み下ろしていく？）形で書く方法があります．

3	2176	629	2
	1887	578	
5	289	51	1
	255	34	
2	34	17	
	34		
	0		

k	a	b	l
	kb	lc	
	c	d	

$c = a - kb \quad d = b - lc$

（aをbで割ったときの商がk）

まず，左右に最初の数 2176 (a) と 629 (b) を書きます．a を b で割ったときの商 (k) を a の左に書き，kb を a の下に書きます．その下に横線を引いて，$a - kb$ を計算し，横線の下に書きます (c)．b を c で割ったときの商 (l) を b の右に書き，b の下に lc を書きます．$b - lc$ を計算し (d)，横線の下に書きます．これを繰り返すと，いつか「引いて0」になります．0になる直前に求めたもの（今は17）が最大公約数です．

え，わかりにくい？ わかりにくいなら，忘れてください．いろいろな書き方があるうちの1つですから，他の方法でやってください．私自身はこれで習いました．

では次ページからはユークリッドの互除法の高校生向けの話です．

⟨ユークリッドの互除法の原理⟩

問題 9 正の整数 a, b に対し，a を b で割ったときの余りを r とする．a, b の最大公約数と b, r の最大公約数は一致することを証明せよ．

(広島市立大)

考え方 この問題は大変有名で，有名な証明方法があります．まず，それを書きましょう．

解答 a, b の最大公約数を g，b, r の最大公約数を h とする．a を b で割ったときの商を k とすると

$$a = bk + r \quad \cdots\cdots ①$$

である．a, b は g の倍数だから $r = a - bk$ も g の倍数である．よって b, r は g の倍数だから b, r の最大公約数 h も g の倍数である．

$$\therefore \quad h \geqq g \quad \cdots\cdots ②$$

次に b, r は h の倍数だから①より a も h の倍数である．a, b は h の倍数だから a, b の最大公約数 g も h の倍数である．

$$\therefore \quad g \geqq h \quad \cdots\cdots ③$$

②，③より $g = h$ である．よって証明された．

注意 1°【安田少年にとって分かりにくい箇所・1】上の証明を本で読んだ高校時代の安田少年には理解できませんでした．何度も証明を読み，写して，理解しようと努めました．そして，なぜ胸に落ちてこないのか，原因を考えました．一番大きな点は，上の解答が，ほとんど言葉で進めているという点です．①，②，③以外，すべて言葉でしょう？ 計算は，頭の中に保持する必要がなく「この計算が正しい」とわかれば，記憶をリセットしてよいのに対し，言葉による思考は，頭の中に「何が正しいと確認されたか」を保持し，状況によってそれらを取り出さないといけません．安田少年は，言葉による思考ができるほどには習熟していなかったのでしょう．式でやれないの？ と思いました．

2°【安田少年にとって分かりにくい箇所・2】整数の話をしているのに，どうして不等式が出てくるのかと，違和感を感じました．

不等式の部分は次のように説明することができます．

②について，h は g の倍数だから $h = g, 2g, 3g, \cdots$ のいずれかである．

③について，g は h の倍数だから $g = h, 2h, 3h, \cdots$ のいずれかである．この両方が成立するのは $g = h$ のときに限る．

3°【安田少年にとって分かりにくい箇所・3】 ここが一番大きな点です．小学校で習った最大公約数は「素因数分解して，共通な部分を取ってきたもの」です．そのとらえ方と，この証明は，あまりにもかけ離れています．小学校以来成長していない安田少年には，違和感がありすぎでした．そこで，安田少年は次の証明を考えました．

別解 a, b の最大公約数を g とする．
$$a = ga',\ b = gb' \quad \cdots\cdots ④$$
(ただし a', b' は互いに素な正の整数) とおく．a を b で割ったときの商を k として $a = bk + r$ となる．①を代入して
$$ga' = gb'k + r \quad \therefore\quad r = g(a' - kb')$$
であり，g は $b = gb'$ と $r = g(a' - kb')$ の公約数である．最大公約数であることは今から証明する．そのために示すべきことは b' と $a' - kb'$ が共通な素数の約数を持たないということである．背理法で証明する．b' と $a' - kb'$ が共通な素数の約数を持つと仮定する．その素数の約数の1つを p とする．
$$b' = pb'' \ (b'' \text{は正の整数}) \quad \cdots\cdots ⑤$$
$$a' - kb' = pc \ (c \text{は正の整数}) \quad \cdots\cdots ⑥$$
とおける．⑤，⑥より b' を消去すると
$$a' = p(kb'' + c) \quad \cdots\cdots ⑦$$
となる．⑤，⑦より a', b' がともに p の倍数になるから a', b' が互いに素（☞注意4°）ということに反する．よって b' と $a' - kb'$ は互いに素で，g は b と r の最大公約数である．

!注意 4°【互いに素】「互いに素とは共通な素数の約数を持たないことである」と，今まで何度も書いてきました．共通な素数の約数があるか，ないかという議論が決め手だからです．

5°【真似ることと考えること】 今から思えば，前ページの伝統的な証明は美しいのだろうと思います．それに対して，安田少年の証明には美しさが欠けます．学習では，先人の教えを受け入れる素直さが重要です．しかし，どうにも相性が悪いということがあります．そのときには自力で乗り越えていく粘りが必要です．

=== 〈ユークリッドの互除法の原理〉 ===

問題 10 （1）128と37の最大公約数を求めよ．また，$128x + 37y = 1$ を満たす整数 x, y をすべて求めよ．

（2）a, b を互いに素な正の整数とする．a を b で割って余りが c，商が k_1，b を c で割って余りが d，商が k_2，c を d で割って余りが 1，商が k_3 になるとき，$ax + by = 1$ を満たす整数 x, y の一例を k_1, k_2, k_3 の式で表せ．

考え方 （1）37は素数で，128は37の倍数でないから最大公約数は1です．そう答えてもよいですが，その方針は $128x + 37y = 1$ とつながりません．ユークリッドの互除法の，等式による変形を応用して $128x + 37y = 1$ の特殊解を見つけます．ただし，これが，初心者には難敵です．

解答 （1） $128 = 37 \cdot 3 + 17$

$37 = 17 \cdot 2 + 3$

$17 = 3 \cdot 5 + 2$

$3 = 2 \cdot 1 + 1$

128と37の最大公約数は **1** である．次に上の式から128と37を残して他の数17, 3, 2を消去する．その前にまず $a = 128$, $b = 37$ とおく（☞注意1°）．

$a = b \cdot 3 + 17$ ……………………………………①

$b = 17 \cdot 2 + 3$ ……………………………………②

$17 = 3 \cdot 5 + 2$ ……………………………………③

$3 = 2 \cdot 1 + 1$ ……………………………………④

①より

$17 = a - 3b$

②にこれを代入し

$b = 2(a - 3b) + 3$ ∴ $3 = 7b - 2a$

$17 = a - 3b$ と $3 = 7b - 2a$ を③に代入し

$a - 3b = 5(7b - 2a) + 2$ ∴ $2 = 11a - 38b$

$3 = 7b - 2a$ と $2 = 11a - 38b$ を④に代入し

$7b - 2a = 11a - 38b + 1$

$$\therefore \quad -13a + 45b = 1$$

である．ここで $a = 128$, $b = 37$ に戻すと

$$\therefore \quad 128 \cdot (-13) + 37 \cdot 45 = 1 \quad \cdots\cdots\cdots\cdots\cdots ⑤$$

となる．

$$128x + 37y = 1 \quad \cdots\cdots\cdots\cdots\cdots\cdots\cdots\cdots\cdots\cdots\cdots\cdots\cdots ⑥$$

について，⑥－⑤より

$$128(x + 13) + 37(y - 45) = 0 \qquad \therefore \quad 128(x + 13) = -37(y - 45)$$

右辺は 37 の倍数であるから左辺も 37 の倍数である．37 と 128 は互いに素であるから $x + 13$ が 37 の倍数である．$x + 13 = 37k$（k は整数）とおける．

$$128 \cdot 37k = -37(y - 45) \qquad \therefore \quad 128k = -y + 45$$

以上から $\boldsymbol{x = 37k - 13, \ y = 45 - 128k}$（$\boldsymbol{k}$ は任意の整数）

(2) $a = k_1 b + c$

$ b = k_2 c + d \quad \cdots\cdots\cdots\cdots\cdots\cdots\cdots\cdots\cdots\cdots\cdots\cdots\cdots ⑦$

$ c = k_3 d + 1 \quad \cdots\cdots\cdots\cdots\cdots\cdots\cdots\cdots\cdots\cdots\cdots\cdots\cdots ⑧$

ここから c と d を消去する．$a = k_1 b + c$ より $c = a - k_1 b$ であり，これを ⑦ に代入し

$$b = k_2(a - k_1 b) + d \qquad \therefore \quad d = -ak_2 + b(k_1 k_2 + 1)$$

$c = a - k_1 b$ と $d = -ak_2 + b(k_1 k_2 + 1)$ を ⑧ に代入し

$$a - k_1 b = k_3\{-ak_2 + b(k_1 k_2 + 1)\} + 1$$

$$a(k_2 k_3 + 1) + b(-k_1 k_2 k_3 - k_1 - k_3) = 1$$

となる．x, y の一例は

$$\boldsymbol{x = k_2 k_3 + 1, \ y = -k_1 k_2 k_3 - k_1 - k_3}$$

!注意 1° 【なぜ置き換えるか】教科書では $a = 128$, $b = 37$ と置かないでやっています．授業でも置き換えないで解説する先生が多いでしょう．そのために混乱する生徒も少なくないはずです．置き換えれば迷いがなくなります．

Action ▷ 置き換えは式を雄弁にする

2° 以前に，ディオファントスの不定方程式を解くときに，割っていく方法を解説しました．それで解いてみましょう．

別解 $y = \dfrac{1-128x}{37}$ で，係数を小さくするために 128 を 37 で割る．

$$y = \dfrac{1-(37\cdot 3 + 17)x}{37} \qquad \therefore\ y = -3x - \dfrac{17x-1}{37}$$

$\dfrac{17x-1}{37}$ は整数だから $z = \dfrac{17x-1}{37}$ とおく．以下，文字はすべて整数である．

$$37z = 17x - 1 \qquad \therefore\ x = \dfrac{37z+1}{17}$$

係数を小さくするために 37 を 17 で割る．

$$x = \dfrac{(17\cdot 2 + 3)z + 1}{17} = 2z + \dfrac{3z+1}{17}$$

$w = \dfrac{3z+1}{17}$ とおく．$17w = 3z + 1$

$$z = \dfrac{17w-1}{3} = \dfrac{(18-1)w-1}{3} = 6w - \dfrac{w+1}{3}$$

$k = \dfrac{w+1}{3}$ とおく．$w = 3k - 1$ を $z = \dfrac{17w-1}{3}$ に代入し（☞注意3°）

$$z = \dfrac{17(3k-1)-1}{3} \qquad \therefore\ z = 17k - 6$$

$x = \dfrac{37z+1}{17}$ に代入し

$$x = \dfrac{37(17k-6)+1}{17} \qquad \therefore\ x = 37k - 13$$

$y = \dfrac{1-128x}{37}$ に代入し

$$y = \dfrac{1-128x}{37} = \dfrac{1-128(37k-13)}{37} = 45 - 128k$$

以上から $\boldsymbol{x = 37k - 13,\ y = 45 - 128k}$（$\boldsymbol{k}$ は任意の整数）

!注意 3°【どこに代入するか】実は，代入の箇所は 2 通りのやり方があります．$z = 6w - \dfrac{w+1}{3}$ で，$\dfrac{w+1}{3} = k$ としたのですから $z = 6w - \dfrac{w+1}{3}$ に $w = 3k - 1$ と $\dfrac{w+1}{3} = k$ を代入し $z = 17k - 6$ となります．以下同様です．

$x = 2z + \dfrac{3z+1}{17}$ で，$\dfrac{3z+1}{17} = w$ としたので $x = 2z + w$ に $z = 17k - 6$ と $w = 3k - 1$ を代入し $x = 37k - 13$

$y = -3x - \dfrac{17x-1}{37}$ で，$\dfrac{17x-1}{37} = z$ としたので，$y = -3x - z$ に $x = 37k - 13$ と $z = 17k - 6$ を代入し

$$y = -3(37k-13) - (17k-6) \qquad \therefore\ y = 45 - 128k$$

こうすると分数計算の回数が少ないので，ケアレスミスが減らせます．ただし，どこに代入するのか，目がチラチラするのが欠点です．

p 進法

2953 は

$$2953 = 2 \times 1000 + 9 \times 100 + 5 \times 10 + 3$$

$$2953 = 2 \times 10^3 + 9 \times 10^2 + 5 \times 10 + 3$$

と書かれます．正の整数 n を

$$n = a_k \times 10^{k-1} + a_{k-1} \times 10^{k-2} + \cdots + a_2 \times 10 + a_1$$

ただし，$a_i\ (i = 1, \cdots, k)$ は整数で $1 \leqq a_k \leqq 9,\ 0 \leqq a_{k-1} \leqq 9,\ \cdots,\ 0 \leqq a_1 \leqq 9$ とする．

$n = a_k a_{k-1} \cdots a_2 a_1$ の形に表すことを n を十進法（じっしんほう）で表すといいます．ここで，a_i は下から i 桁目の数です．

同様に，正の整数 n，2 以上の正の整数 p について

$$n = a_k \times p^{k-1} + a_{k-1} \times p^{k-2} + \cdots + a_2 \times p + a_1$$

ただし，$a_i\ (i = 1, \cdots, k)$ は整数で $1 \leqq a_k \leqq p-1,\ 0 \leqq a_{k-1} \leqq p-1,\ \cdots,\ 0 \leqq a_1 \leqq p-1$ とする．

$n = a_k a_{k-1} \cdots a_2 a_1$ の形に表すことを n を p 進法で表すといいます．

p 進法であることを明示する場合には

$$n = a_k a_{k-1} \cdots \cdots a_2 a_{1\,(p)}$$

と書きます．たとえば $12_{(3)}$ の a 倍を $a12_{(3)}$ と書くと，どこまでが 3 進法表示かわかりにくいので，そういうときは $a \times \underline{12}_{(3)}$ と書きます．誤解のないように書くことが大切です．

【小数表示について】 十進法で表された小数は

$$n = a_k \times 10^{k-1} + a_{k-1} \times 10^{k-2} + \cdots + a_1 + \frac{b_1}{10} + \frac{b_2}{10^2} + \cdots$$

(a_i, b_j は 0 以上 9 以下の整数，$a_k \neq 0$)

$n = a_k a_{k-1} \cdots a_2 a_1 . b_1 b_2 \cdots$ であり，p 進法で表された小数は

$$n = a_k \times p^{k-1} + a_{k-1} \times p^{k-2} + \cdots + a_1 + \frac{b_1}{p} + \frac{b_2}{p^2} + \cdots$$

(a_i, b_j は 0 以上 $p-1$ 以下の整数，$a_k \neq 0$)

$n = a_k a_{k-1} \cdots a_2 a_1 . b_1 b_2 \cdots_{(p)}$ です．

〈十進法から2進法へ〉

例題 ▶ 十進法で表された整数 2006 を 2 進法で表せ．

考え方 2006 を 2 で割って，余りを計算し，その商を 2 で割って余りを計算する．これを繰り返します．

解答 ▶ 次の計算により **11111010110**$_{(2)}$

```
2 ) 2 0 0 6
2 ) 1 0 0 3 …… 0
2 )   5 0 1 …… 1
2 )   2 5 0 …… 1
2 )   1 2 5 …… 0
2 )     6 2 …… 1
2 )     3 1 …… 0
2 )     1 5 …… 1
2 )       7 …… 1
2 )       3 …… 1
          1 …… 1
```

注意 【これで答えが得られる理由】$n = abcd_{(2)}$ で説明します．

$n = a \cdot 2^3 + b \cdot 2^2 + c \cdot 2 + d$

$n = 2(a \cdot 2^2 + b \cdot 2 + c) + d$

と書けて，n を 2 で割ったときの商が $a \cdot 2^2 + b \cdot 2 + c$ で，余りが d です．そして，その商 $a \cdot 2^2 + b \cdot 2 + c$ について

$a \cdot 2^2 + b \cdot 2 + c = 2(a \cdot 2 + b) + c$

となり，これを 2 で割ったときの商が $a \cdot 2 + b$ で，余りが c です．さらにその商 $a \cdot 2 + b$ を 2 で割ったときの商が a，余りが b です．

〈2進法から十進法へ〉

例題 ▶ 2 進法で表された整数 $11111010110_{(2)}$ を十進法で表せ．

考え方 定義に従うだけです．

解答 ▶ $11111010110_{(2)}$

$= 2^{10} + 2^9 + 2^8 + 2^7 + 2^6 + 2^4 + 2^2 + 2$

$= 1024 + 512 + 256 + 128 + 64 + 16 + 4 + 2 = \mathbf{2006}_{(10)}$

⟨2進法のままの計算⟩

例題 ▶ 次の2進法で表された計算を実行し，結果は2進法で示せ．
（1） 111011 − 100110
（2） 10111 + 10011
（3） 1011 × 1101
（4） 10101 ÷ 11

考え方 途中の計算も2進法のまま行いましょう．

解答 ▶ （1） 111011 − 100110 = **10101** （計算図は下左，☞注意1°）

```
  1 1 1 0 1 1          1 0 1 1 1
−)1 0 0 1 1 0        +)1 0 0 1 1
  1 0 1 0 1            1 0 1 0 1 0
```

（2） 10111 + 10011 = **101010** （計算図は上右，☞注意2°）
（3） 1011 × 1101 = **10001111** （計算図は下左，☞注意3°）

```
                                        1 1 1
                                   1 1)1 0 1 0 1
        1 0 1 1                         1 1
      ×)1 1 0 1                         1 0 0
        1 0 1 1                           1 1
       1 0 1 1                              1 1
      1 0 1 1                               1 1
      1 0 0 0 1 1 1 1                        0
```

（4） 10101 ÷ 11 = **111** （計算図は上右，☞注意4°）

注意 1°【繰り下がり】引き算では，引けないときに上から借りてきます．そのとき，十進法では10借りてくるのですが，2進法では2借りてくるので，1を引くと残りは1です．これはそのまま2進法でやった方が簡単です．

2°【繰り上がり】一番右の桁1と1を加えて，十進法で2になります．2は2進法では10で，上に1繰り上がります．上の桁は1と1なので，この分は繰り上がり，下から上がってきた1が残ります．こうした計算を繰り返します．十進法なら10が出来たら1上げたものが，2進法では2が出来たら1上げます．

3°【一度十進法に直す】積についても同様です．まず掛け算を行い，次に足し算で，繰り上がりの計算をします．積の場合には，一度十進法にして計算し，その

後2進法に戻す方法もあります．
$$1011_{(2)} = 2^3 + 2 + 1 = 11, \quad 1101_{(2)} = 2^3 + 2^2 + 1 = 13$$
$11 \cdot 13 = 143$ で，143 を 2 進法に直して，答えは 10001111 になります．

```
2 ) 1 4 3
2 )   7 1 …… 1
2 )   3 5 …… 1
2 )   1 7 …… 1
2 )     8 …… 1
2 )     4 …… 0
2 )     2 …… 0
        1 …… 0
```

4°【一度十進法に直す】 割り算になるとやりにくいかもしれません．解答ではそのまま行いました．十進法に直すと
$$10101_{(2)} = 2^4 + 2^2 + 1 = 21, \quad 11_{(2)} = 2 + 1 = 3$$
$$21 \div 3 = 7 = \mathbf{111_{(2)}}$$

5°【何進法でも同じ】 十進法では，上から借りてくるとき，上の1が10になります．繰り上がりをするときは，下で10になったら上に1上げます．p進法なら，10をpにするだけです．十進法の手順が理解できていれば，p進法のままの計算は難しくありません．私は高校時代に，13進法のままの計算をして遊んでいました．普通の九九は 1～9 を使った計算を丸暗記するだけですが，1～12 を使った九九（十二十二と言うべきかも？）の表を用意して計算します．もちろん，試験には出ませんが「他の人がしないことをやっている」という快感に浸っていたわけです．(x_x)☆\(^^;)ポカ

そのことは，普段使わない脳を使う訓練にはなったと思います．いちいち十進法に直すより，そのままやるほうが cool だぜ！

> **問題 11** $1g$, $3g$, 3^2g, ……のおもりが1個ずつと，天秤ばかりがあるとき，
> （1） この天秤ばかりで$47g$のものをはかる方法を示せ．
> （2） この天秤ばかりで$20000g$のものをはかる方法を示せ．
>
> （類・防衛大）

考え方 これは大変有名な問題で，中学受験にも頻出する問題だそうです．あるとき，何気なくテレビをつけたら，Eテレ（NHK教育）でもやっていました．（1）は小学生でも解けるでしょう．しかし，（2）は3進法を知らないと解けないはずです．考え方は以下です．

もし，おもりを2個ずつ使っていいなら，普通のはかり方で，左に物，右におもりをのせればよい．$47g$の場合なら，

$$47 = 3^3 + 2 \times 3^2 + 2 \qquad \therefore \quad 47 = 1202_{(3)}$$

なので（以下，物以外はおもり）

左：$\boxed{47g の物}$

右：$\boxed{27g}$, $\boxed{9g}$, $\boxed{9g}$, $\boxed{1g}$, $\boxed{1g}$

をのせれば，$47g$がはかれます．今は，実際にはおもりが1個ずつしか使えません．だから，2個を別の1個に換えてしまうことを考えます．$1g$のおもりを1個ずつ両方にのせると，右には$1g$のおもりが3個のります．

左：$\boxed{47g の物}$, $\boxed{1g}$

右：$\boxed{27g}$, $\boxed{9g}$, $\boxed{9g}$, $\boxed{1g}$, $\boxed{1g}$, $\boxed{1g}$

すると，それは$3g$のおもり1個と交換できます．

左：$\boxed{47g の物}$, $\boxed{1g}$

右：$\boxed{27g}$, $\boxed{9g}$, $\boxed{9g}$, $\boxed{3g}$

さらに$9g$のおもりを1個ずつ両方にのせると，右には$9g$のおもりが3個のります．

左：$\boxed{47g の物}$, $\boxed{9g}$, $\boxed{1g}$

右：$\boxed{27g}$, $\boxed{9g}$, $\boxed{9g}$, $\boxed{9g}$, $\boxed{3g}$

これは$27g$のおもり1個と交換できます．

左：$\boxed{47g の物}$, $\boxed{9g}$, $\boxed{1g}$

右： 27g ， 27g ， 3g

交換した結果，27g のおもりが 2 個になってしまいました．そこでさらに両方に 27g のおもりを 1 個ずつのせると

左： 47g の物 ， 27g ， 9g ， 1g

右： 27g ， 27g ， 27g ， 3g

右には 27g のおもりが 3 個になるので，これを 81g のおもり 1 個と交換します．

左： 47g の物 ， 27g ， 9g ， 1g

右： 81g ， 3g

この結果，左には 27g，9g，1g のおもりが 1 個ずつと物，右には 81g と 3g のおもりが 1 個ずつのります．

解答 （1） $N = 47$ とおく．N を 3 進法表示すると $N = 1202_{(3)}$ である．

```
3 ) 4 7
3 ) 1 5 …… 2
3 )   5 …… 0
      1 …… 2
```

$$
\begin{array}{r}
1202 \\
+)1 \\
\hline
1210
\end{array}
$$

次に $N = 1202_{(3)}$ の両辺に $1_{(3)}$ を加え，
$$N + 1_{(3)} = 1210_{(3)}$$
さらに両辺に $100_{(3)}$ を加え，
$$N + 100_{(3)} + 1_{(3)} = 2010_{(3)}$$
さらに両辺に $1000_{(3)}$ を加え，
$$N + 1000_{(3)} + 100_{(3)} + 1_{(3)} = 10010_{(3)}$$

$$
\begin{array}{r}
1210 \\
+)100 \\
\hline
2010
\end{array}
$$

$$
\begin{array}{r}
2010 \\
+)1000 \\
\hline
10010
\end{array}
$$

よって，**左に 3^3g, 3^2g，1g のおもりと物，右に 3^4g，3g のおもり**をのせる．

（2） $N = 20000$ として，N を 3 進法表示すると $N = 1000102202_{(3)}$ である．
$N = 1000102202_{(3)}$ の両辺に $1_{(3)}$ を加え，
$$N + 1_{(3)} = 1000102210_{(3)}$$
さらに両辺に $100_{(3)}$ を加え，
$$N + 100_{(3)} + 1_{(3)} = 1000110010_{(3)}$$

よって，**左に 3^2g，1g のおもりと物，右に 3^9g，3^5g，3^4g，3g のおもり**をのせる．

循環小数

分数を小数表示すると，
$$\frac{1}{8} = 0.125$$
のように有限なところで終わる有限小数か，
$$\frac{1}{7} = 0.142857142857142857142857\cdots$$
のように同じ形の並びを繰り返す循環小数になります．この 142857 は循環節といい，
$$\frac{1}{7} = 0.\dot{1}4285\dot{7}$$
$$\frac{1}{3} = 0.\dot{3}$$
と書きます．なぜ循環するかというのは，分数の割り算をしてみれば分かります．割って余りを求め，その余りをさらに割ることを繰り返すわけですが，余りは数種類に限られているために，いつか同じ余りが出てくるからです．

〈循環小数の計算〉

例題 ▶ 循環小数 $1.6\dot{4}8\dot{1}$ を分数で表せ．

考え方 循環節の長さを n とすると「10^n を掛けて，元の数を引く」という方法が有名です．

解答 ▶ $x = 1.6481481481\cdots$ とおく．循環節の長さは 3 なので $10^3 x - x$ を作る．

$$\begin{array}{r} 1000x = 1648.1481481\cdots\cdots \\ -)x = 1.6481481\cdots\cdots \\ \hline 999x = 1646.5 \end{array}$$

すると $999x = 1646.5$ となるから
$$x = \frac{1646.5}{999} = \frac{16465}{9990} = \frac{16465}{9\cdot 111\cdot 2\cdot 5}$$
$$= \frac{3293}{9\cdot 3\cdot 37\cdot 2} = \frac{89}{9\cdot 3\cdot 2} = \frac{89}{54}$$

注意 【111 の約分】私の経験では，$111 = 3\cdot 37$ の分解に気づかず，37 を約分し忘れる人が多いので注意しましょう．これは循環節の長さが 3 の倍数のときに起こります．

―――― 〈循環節の長さ〉 ――――

例題 $\dfrac{1}{7}$ を小数表示したとき，小数第 2000 位の数を求めよ．

考え方 循環節の長さに着目します．

解答 $\dfrac{1}{7} = 0.\dot{1}4285\dot{7}$

循環節 142857 の長さは 6 である．$2000 = 6 \times 333 + 2$ だから循環節が 333 回繰り返されたあと，142857 の 2 つ目の 4 が答えである．

小数第 2000 位の数は **4** である．

問題 12 p, q は互いに素な正の整数で $q \geqq 2$ であるとする．$\dfrac{p}{q}$ が有限小数になるのはどのようなときか．

考え方 こういう問題ではどこかで聞いて知っていて，結果だけを答える生徒が少なくありません．常に論証的に書くのが答案です．$\dfrac{p}{q}$ が小数第何位で終わっているかを式にしましょう．

解答 $\dfrac{p}{q}$ が小数点以下 n 桁で小数が終わるとする．

$$\dfrac{p}{q} = A.B$$

と書ける．ただし A は整数部分を表す 0 以上の整数，B は小数部分に対応する整数で小数第 n 位までの部分だから B は n 桁の整数である（☞注意）．

$$\dfrac{p}{q} = A + \dfrac{B}{10^n} \quad \therefore \quad 10^n \cdot \dfrac{p}{q} = A \cdot 10^n + B$$

$10^n \cdot \dfrac{p}{q}$ が整数になる．よって分母の q は 10^n で約分できる（10^n の約数ということ）から，2 と 5 でできている．求める答えは

q の素数の約数が2または5だけのとき

注意 $\dfrac{3}{20} = 0.15$ の場合では $A = 0, B = 15$ として，

$$\dfrac{3}{20} = 0.15 = 0 + \dfrac{15}{100} = A + \dfrac{B}{10^2}$$

【0.9999… って 1 なの？】▶▶

あなたの近所に小学生の I 君が住んでいるとします．道でバッタリ出会いました．
I 君：「お兄ちゃん，高校生だよね．ちょっと教えて．0.999999 って，9 が無限に続く数って，1 なの？ 0.999999… って，小数第 1 位は 9 だよね．なのに値は 1 なの？」
さて，小学生に分かるように説明してあげてください．

この疑問は小学校で割り算を習ったときに出会います．

【昔からあるマジック】 $\dfrac{1}{3} = 0.3333\cdots$

この等式の両辺を 3 倍し

$$1 = 0.9999\cdots$$

それで「えっ，0.99999999999 って，0 のあと 9 が無限個続く数は 1 なの？ 小数第 1 位が 9 なのに値が 1 とはどういうこと？」となるわけです．これ，いまだに，ときどき高校生に質問されます．あなたは，この質問に対して，どう答えますか？

この質問に答えるためにいくつか準備をします．これから 4 ページは数学 B, 数学 III の内容です．まだ未修の読者もいるでしょうから，基本から説明します．わからなければ無視してください．読まないで飛ばしても結構です．

【数列とは】数を並べ，番号をつけ，それら全体に名前をつけたものを考えます．たとえば n 番目の数が $\dfrac{3}{2^n}$ であるものを考えます．具体的に並べると

$$1.5, 0.75, 0.375, 0.1875, 0.09375, 0.046875, \cdots$$

となります．これらの数全体を a 一族と名前をつけることにして，並べた数の全体を $\{a_n\}$ で表し，n 番目の数は a_n と表します．今は $a_n = \dfrac{3}{2^n}$ です．ひげ括弧 $\{\ \}$ (braces, brace brackets) は，ここでは集合を表す記号です．a_n を数列 $\{a_n\}$ の第 n 項，a_1 を初項といいます．

なお，ひげ括弧は日本の教育界では中括弧と訳されますが，元々の意味には中という意味はありません．嘘だと思うなら英和辞典を引いてください．

【数列の極限値の定義】n を 1 ずつ大きくしていったときに a_n がある値 α に限りなく近づいていくとき，a_n の極限値が α であるという．数列 $\{a_n\}$ の極限値が α であるとか，a_n が α に収束するともいう．

$$\lim_{n \to \infty} a_n = \alpha$$

と表す．このとき $a_n = \alpha$ である項があってもよい．

さて，$a_n = \dfrac{3}{2^n}$ で定まる数列 $\{a_n\}$ について話しましょう．実際に並べると
$$1.5,\ 0.75,\ 0.375,\ 0.1875,\ 0.09375,\ 0.046875,\ \cdots$$
でした．どんどん 0 に近づいていきます．ただし決して 0 になるわけではありません．今の場合
$$a_n = \dfrac{3}{2^n} \ne 0,\ \lim_{n\to\infty} a_n = 0$$
です．$\lim\limits_{n\to\infty} a_n = 0$ とは，数列 $\{a_n\}$ の近づく**目標地点**が 0 ということです．

生徒：「ちょっと気になったのですが，決して 0 にならないのに $\lim\limits_{n\to\infty} a_n = 0$ と書くのは気持ち悪くないですか？ 近づくだけなんだから「＝」は使わないで $\lim\limits_{n\to\infty} a_n \Longrightarrow \alpha$ と矢印にしておいた方がいいんじゃないですか？」

私もそう思いますが，昔の人が決めた記号の約束で，安田の力ではどうしようもありません．おそらく，記号を決めた人の意図する主語と述語は

「$\lim\limits_{n\to\infty} a_n$」（数列 $\{a_n\}$ の近づく目標地点）「＝」（は）α である

なのだと思います．微妙な読み方はどうあれ，a_n が限りなく α に近づくという状態を表すことに違いはありません．極限が入った式は数学 II までの，普通の意味での等式ではありません．

【無限級数の収束の定義】 任意の自然数 n に対して項が定義された数列 $\{a_n\}$ があり，すべての項の和 $a_1 + a_2 + a_3 + \cdots$ を無限級数という．
$$S_n = a_1 + a_2 + a_3 + \cdots + a_n$$
とおく．これを第 n 部分和という．初項から第 n 項までの和という意味である．

無限級数 $a_1 + a_2 + a_3 + \cdots$ が収束するとは
$$\lim_{n\to\infty} S_n$$
が収束することである．このとき $\lim\limits_{n\to\infty} S_n = \beta$ とおくと
$$a_1 + a_2 + a_3 + \cdots = \beta$$
と書く．級数とは「和」のことである．「無限に続く数列の和」ということである．

【無限等比級数について】 $|r| < 1$ で
$$S_n = a + ar + ar^2 + \cdots + ar^{n-1}$$
とする．等比数列の和の公式（数学 B，本書では既出）により
$$S_n = a \cdot \dfrac{1 - r^n}{1 - r}$$
となる．$|r| < 1$ のとき $\lim\limits_{n\to\infty} r^n = 0$（数学 III の公式）なので，
$$\lim_{n\to\infty} S_n = a \cdot \dfrac{1}{1 - r}$$

である．これを，単純に
$$a + ar + ar^2 + \cdots = a \cdot \frac{1}{1-r}$$
と書いて，無限等比級数の公式という．無限等比級数とは「無限に続く等比数列の和」ということである．$a \neq 0$ のときは $S_n = a \cdot \frac{1-r^n}{1-r}$ で定まる数列 S_n は決して $a \cdot \frac{1}{1-r}$ になることはない．そして S_n は $a \cdot \frac{1}{1-r}$ に近づいていく．

【0.999…9 の式】（9 は n 個）ここで $a_n = \frac{9}{10^n}$ のときを考える．
$$S_n = a_1 + a_2 + a_3 + \cdots + a_n$$
として，
$$a_1 = 0.9,\ a_2 = 0.09,\ a_3 = 0.009,\ \cdots\cdots$$
$$S_n = 0.999\cdots9\ (9\ が\ n\ 個続く数)$$
$$S_n = 1 - \frac{1}{10^n}$$
である．

【I 君に対する安田の答え】 0. の後に 9 が 1 個ある数，9 が 2 個続く数，9 が 3 個続く数という，9 の個数が具体的なものは I 君が知っている通りの数ですが，9 が無限に続く数というのは，I 君が想像している数ではありません．
$$0.9999\cdots = 0.9 + 0.09 + 0.009 + 0.0009 + \cdots$$
$$= 0.9 + 0.9 \times \frac{1}{10} + 0.9 \times \left(\frac{1}{10}\right)^2 + 0.9 \times \left(\frac{1}{10}\right)^3 + \cdots$$
です．ここまではいいですね．この後が問題です．無限に加えるという場合は，第 n 部分和を計算してその n を無限大に飛ばして極限をとる，というのが記号の約束です．つまり，
$$S_n = 0.9 + 0.9 \times \frac{1}{10} + 0.9 \times \left(\frac{1}{10}\right)^2 + \cdots + 0.9 \times \left(\frac{1}{10}\right)^{n-1}$$
$$= 0.9 \times \frac{1 - \left(\frac{1}{10}\right)^n}{1 - \frac{1}{10}} = 1 - \left(\frac{1}{10}\right)^n$$
として，
$$0.9999\cdots = 0.9 + 0.09 + 0.009 + 0.0009 + \cdots = \lim_{n \to \infty}\left(1 - \frac{1}{10^n}\right) = 1$$
n を限りなく大きくしたときに S_n が近づく数，目標地点のことです．$1 - \frac{1}{10^n}$ は 1 になることはありません．その数の近づく目標地点が 1 なのです．これは，無限に加えるという場合に数学者が決めた約束です．

（答え終わり）

この答えに対して，I君は納得してくれないかもしれません．
I君：「え，僕が想像している数でないってどういうこと？ 0.999…（9が無限個）って，誰が考えても同じものぢゃん．僕が思っている0.999…とオジさんが思っている0.999…が違うの？ 9が1個あったら0.9, 2個あったら0.99, 3個なら0.999, 1兆個なら0.999…9（9は1兆個）で，点点は省略の点点でしょう．正しいでしょう？ 無限個なら0.999……ぢゃん．」
安田：「0.999…9（9は1兆個）のときの点点は，確かに，省略の点点です．しかし，0.999……（9が無限に続く）のときには，単純な省略の点点ではなく，別の視点で読むのです．それが，数学者が決めた約束です．無限個というのはI君が言っているだけで，私は一度も無限個とは言っていません．無限個という個数はないのです．何度も無限に加えると言っています．無限に加えるのは数学者の言葉，無限個はI君の言葉です．」

　たとえば，次のようなイメージを持ってください．側面に0.と9を印刷した電車が並んでいるとします．

$\boxed{0.9}$

$\boxed{0.99}$

$\boxed{0.999}$

……

$\boxed{0.999\cdots 9}$（9は1兆個）

……

9の個数が具体的であればI君はそれぞれの電車に乗ることができます．ところが
$\boxed{0.999\cdots\cdots}$（9は無限に続く）
だけは，それら電車でなく，別のもの，たとえば，線路の終点にある電車を止める車止めです．限りなく近づくことはできますが，電車は車止めになる訳ではありません．極限値の約束で，その示しているものは「目標地点」です．

　さて，I君，納得してくれただろうか？

【1 ＝ 0.9999… は普通の数の表示ではない】 I君に「0.9999…（9は無限個続く）の小数第1位の数は9だよね」と言われて「そうだね」と答えてはいけません．他の循環小数表示は，見たものがそのまま小数第k位の数ですが，0.9999…（9は無限に続く）や，2.349999…（9は無限に続く）のように，9が無限に続く数は事情が違うのです．なお$2.349999\cdots = 2.35$です．

合同式

近所の小学生のI君に「$1953 \times 1953 + 18 \times 18$ を 12 で割った余りを求めなさい」と言ったら，

I君：「オジさん，僕が $1953 \times 1953 + 18 \times 18 = 3814533$ と計算して 12 で割ると思っている？」

と言うでしょう．

I君：「甘いねオジさん．最初に 1953 を 12 で割ると余りが 9 で，18 を 12 で割ると余りが 6 だから結局 $9 \times 9 + 6 \times 6 = 81 + 36$ を 12 で割ればよく，36 は 12 の倍数だから 81 を 12 で割ればよい．求める余りは 9」

とやるでしょう．問題はこの過程の書き方です．出てきた数字だけ追えば

$$1953^2 + 18^2 \Longrightarrow 9^2 + 6^2 \Longrightarrow 81 + 36 \Longrightarrow 81 \Longrightarrow 9$$

となります．しかしこの書き方は我流で，数学で認められた正式な記号は

$$1953^2 + 18^2 \equiv 9^2 + 6^2 \equiv 81 + 36 \equiv 81 \equiv 9 \pmod{12}$$

です．mod は modulo の省略形で，大学では「mod.」とピリオドをつけます．ただし，文章の途中にピリオドがあるのは，日本の文字文化に馴染みがありません．教科書や学習参考書ではピリオドをつけないことが多いので，それに従います．

生徒を教えていると「合同式に不安を持つ人」が少なくありません．中学以来，数学の式は等号と不等号で結ばれていました．そこへ突如現れた合同式！ p の倍数の違いを無視していいというのですから，不安を感じても不思議はありません．

読者の中にはスキーをする人もいるでしょう．上級者の滑る姿は格好いいですよね．シュッ，シュッ，シュッ．最初からそんなことができるわけではありません．私の子供が一番最初にスキーをしたとき，コーチの資格を持つ元生徒の S 君が教えてくれました．彼が手で子供のスキーの先端を押さえたまま一緒に滑り「こうすれば怖くないでしょう．重心を前にしてください」「右の足の内側に力を入れてください．左に回るでしょう．左の足の内側に力を入れてください．右に回りますね」そうした段階から始めて次第にレベルを上げていくわけです．新しいことを始めるときには，これと似ているように感じています．原理を 1 つずつ確認し，ゆっくり始めます．合同式はスキーよりは簡単です．

以下文字は整数，p は 2 以上の正の整数です．a を p で割った余りと b を p で割った余りが等しいとき $a \equiv b \pmod{p}$ と書き，こうした式を合同式といいます．読み方は，頭からそのまま読み「エー合同ビー　モッドピー」と読みます．

【定義】a, b, p が整数で p は 2 以上とする．$a - b$ が p の倍数であることを
$$a \equiv b \pmod{p}$$
と表す．

以下 $\mod p$ を省略します．公式を用意しましょう．文字はすべて整数です．

【公式】(a) $=$ の関係は $\equiv$ に変更することができる．

(b) $a \equiv a + kp$ である．

(c) $x \equiv y, z \equiv u$ ならば

$$x + z \equiv y + u \cdots\cdots\cdots\cdots Ⓐ$$
$$x - z \equiv y - u \cdots\cdots\cdots\cdots Ⓑ$$
$$xz \equiv yu \cdots\cdots\cdots\cdots Ⓒ$$
$$mx \equiv my \cdots\cdots\cdots\cdots Ⓓ$$

である．

【証明】(a)(b) は証明するまでもない．Ⓐ から Ⓓ の証明は次のようにする．
$x - y = pk, z - u = pl$ として

$$x + z - (y + u) = y + pk + u + pl - (y + u) = p(k + l)$$
$$x - z - (y - u) = y + pk - (u + pl) - (y - u) = p(k - l)$$
$$xz - yu = (y + pk)(u + pl) - yu = p(ku + yl + pkl)$$
$$mx - my = m(x - y) = mpk$$

はいずれも p の倍数であるから Ⓐ から Ⓓ が証明された．

⚠注意 **1°【四則のうちの加減乗】** (a) はよく出てきます．(c) は「足し算，引き算，掛け算は，ほぼ自由にできる」ということです．

2°【四則のうちの除】 $kx \equiv ky \pmod{p}$ で k が p と互いに素ならば，$x \equiv y$ である．

ただし，割りたくなるケースはほとんど出てきません．普段割らないものだから，いざそのときに「k が p と互いに素であることを確認しないで割る迂闊な人」も出てくるはずです．だから「除」はやらないことに決めておいて，割りたくなったら，普通の表示に戻した方がいいと，私は考えます．普通の表示というのは
「$kx \equiv ky \pmod{p}$ のとき，$kx - ky$ が p の倍数だから $k(x - y) = pl$ とおける．k は p と互いに素だから $x - y$ が p の倍数である」
という感じで書いていくのです．

3° 【開平】以下 mod p とします．「$ab \equiv 0$ ならば $a \equiv 0$ または $b \equiv 0$」は成り立ちません（p が素数ならば成り立ちます）．$p = 6$ のとき $a = 2, b = 3$ について，$ab \equiv 0$ ですが $a \not\equiv 0$ かつ $b \not\equiv 0$ です．同様に，$x^2 \equiv a^2$ のときも $x \equiv \pm a$ とすることはできません（p が素数ならばできます）．これらは真偽の判定の小問で出題されるかもしれませんので注意しましょう．なお，a と b が合同でないことを $a \not\equiv b$ と書きます．

いくつか練習しましょう．$x \equiv y$ のとき，$x \equiv y$ と $x \equiv y$ を辺ごとに掛けて（ⓒを用いた）
$$x^2 \equiv y^2$$
a 倍して $ax^2 \equiv ay^2$（Ⓓ を用いた）
$x \equiv y$ を b 倍して $bx \equiv by$
また $c \equiv c$
以上の 3 式を加えて（Ⓐ を用いる）
$$ax^2 + bx + c \equiv ay^2 + by + c$$
となります．2 次式 $f(x) = ax^2 + bx + c$ とおくと
$x \equiv y$ ならば $f(x) \equiv f(y)$ となります．このように，整数係数の多項式の場合には普通の「=」の変形のように「≡」の変形ができます．次に，最初の計算
$$1953^2 + 18^2 \equiv 9^2 + 6^2 \equiv 81 + 36 \equiv 81 \equiv 9 \pmod{12}$$
の確認をしましょう．以下 mod 12 です．1953 を 12 で割ると余りが 9，18 は 12 を引いて 6 に合同であるから
$$1953 \equiv 9, \quad 18 \equiv 18 - 12 \equiv 6$$
ⓒ を用いて
$$1953^2 \equiv 9^2 \equiv 81, \quad 18^2 \equiv 6^2 \equiv 36$$
となり，81 を 12 で割ると余りは 9，36 は 12 で割ると余りが 0 だから
$$1953^2 \equiv 9^2 \equiv 81 \equiv 9, \quad 18^2 \equiv 6^2 \equiv 36 \equiv 0$$
辺ごとに加え（Ⓐ を用いる）
$$1953^2 + 18^2 \equiv 9^2 + 6^2 \equiv 9 + 0 \equiv 9$$
となります．

!注意 4° 【幾何の記号】日本では幾何で △ABC ≡ △DEF と書きますが，英語では △ABC ≅ △DEF と書きます．≅ は congruent と読み ≡ は equivalent と読みます．ただし，合同式を congruence とか congruence equation といい，合同式の計算を modular arithmetic といいます．

〈合同式の練習〉

例題 ▶ 3^{2000} を 14 で割ったときの余りを求めよ．

考え方 3^n を 14 で割った余りがどう変化するのかを調べていきます．

解答 ▶ 以下 mod 14 とする．

$$3 \equiv 3$$

この両辺に 3 を掛ける．左辺は指数表示，右辺は計算する．

$$3^2 \equiv 9$$

さらに 3 を掛けて

$$3^3 \equiv 27$$

27 の近くの 14 の倍数（それは 28）を見つけ，それを 27 から引く（(b) を用いる）．

$$3^3 \equiv 27 \equiv 27 - 28 \equiv -1$$

$3^3 \equiv -1$ を 2 乗して

$$3^6 \equiv 1$$

である．ここで $2000 = 6 \cdot 333 + 2$ に注意する．

$$3^{2000} = (3^6)^{333} \cdot 3^2 \equiv 1 \cdot 3^2 \equiv 3^2 \equiv 9$$

よって 3^{2000} を 14 で割ったときの余りは **9** である．

注意 【周期】$3^6 \equiv 1$ の後，$3^7 \equiv 3$ となり，$3^1 \equiv 3$ と見比べて，3^n を 14 で割った余りは周期 6 で繰り返すとわかります．$2000 = 6 \cdot 333 + 2$ だから $3^{2000} \equiv 3^2 \equiv 9$ です．

$3^n \equiv a \, (0 \leq a \leq 13)$ の形に表し，3 を掛けていくだけです．「右辺に同じ数が出てきたら，それ以後は繰り返しになる」ことは明らかです．

----〈合同式の応用〉----

問題 13 33^{20} を 90 で割ったときの余りを求めよ.

(愛媛大・医)

考え方 数を小さくすることを考えます.以下,合同式の部分は mod 90 です.
$33^2 = 1089 = 90 \times 12 + 9 \equiv 9$ であり,$33^2 \equiv 9$ の両辺を 10 乗して

$$33^{20} \equiv 9^{10}$$

である.$9^2 = 81$ で,81 から 90 を引いても合同だから

$$9^2 = 81 \equiv 81 - 90 \equiv -9$$

$9^2 \equiv -9$ の両辺を 5 乗して $9^{10} \equiv (-9)^5$ である.

さらに $(-9)^5 = (-9)(9^2)^2 \equiv (-9)(81)^2 \equiv (-9)(-9)^2$ として,81 が出てくるたびに -9 で置き換えていけば答えに達します.これを連続して書くと,次のようになります.

解答 以下,合同式の部分は mod 90 とする.

$$33^{20} = (33^2)^{10} = 1089^{10} = (90 \times 12 + 9)^{10} \equiv 9^{10} \equiv 81^5 \equiv (-9)^5$$
$$\equiv (-9)(-9)^2(-9)^2 \equiv (-9)(81)(81) \equiv (-9)(-9)(-9)$$
$$\equiv (-9)(81) \equiv (-9)(-9) \equiv 81$$

よって求める余りは **81**

注意 【9^n の周期を比べる】$33^{20} \equiv 9^{10}$ の後は次のようにして,9^n の周期性を調べる方がスッキリしています.mod 90 で

$$9 \equiv 9$$

この両辺に 9 を掛けて,左は指数表示,右は掛けて計算する.

$$9^2 \equiv 81 \equiv 81 - 90 \equiv -9$$

さらに 9 を掛けて

$$9^3 \equiv -81 \equiv -81 + 90 \equiv 9$$

この右端を見ると,9,-9,9 と 9 から始まって 9 に戻ったから以後も -9 と 9 を繰り返す.9 の偶数乗のときは -9,9 の奇数乗のときは 9 になるから

$$9^{10} \equiv -9 \equiv -9 + 90 \equiv 81$$

よって

$$33^{20} \equiv 9^{10} \equiv 81$$

━━━〈ディオファントス方程式を合同式で〉━━━

例題 ▶ 1次方程式 $128x + 37y = 1$
の整数解 x, y をすべて求めよ.

考え方 $128x + 37y = 1$ は以前も扱いました．合同式を利用して次のように解くこともできます．推奨しているわけではありません．こんな解法もあると，紹介をしているだけです．いろいろ見て，自分にとって一番相性のよい方法を選んでください．変形の目標は「x の係数を 1 にすること」です．

解答 ▶ 以下，合同式部分は mod 37 とする．
$$128x + 37y \equiv 1$$
左辺から $37y$ を引いて（37 の倍数は引いても合同）
$$128x \equiv 1$$
$$(37 \cdot 3 + 17)x \equiv 1$$
左辺から 37 の倍数を引いても合同だから
$$17x \equiv 1$$
2 倍して
$$34x \equiv 2$$
左辺から $37x$ を引いても合同で
$$-3x \equiv 2$$
12 倍して
$$-36x \equiv 24$$
左辺に $37x$ を足しても合同で
$$x \equiv 24$$
右辺から 37 を引いても合同で
$$x \equiv -13 \quad \therefore \quad x + 13 \equiv 0$$
$x + 13$ は 37 の倍数だから $x + 13 = 37k$ (k は整数) とおいて，$128x + 37y = 1$ に $x = -13 + 37k$ を代入して y を求めると $y = 45 - 128k$ になる．
よって $\boldsymbol{x = -13 + 37k,\ y = 45 - 128k}$ (k は任意の整数)

!注意 【何倍するのか】最初の 17 が出てくるところは自動的に出てきます．しかし，その後の 2 倍，12 倍という数は，見て，見当をつけています．

〈合同式の応用〉

問題 14 a, b, c, d を整数とする．整式
$$f(x) = ax^3 + bx^2 + cx + d$$
において，$f(-1), f(0), f(1)$ がいずれも 3 で割り切れないならば，方程式 $f(x) = 0$ は整数の解をもたないことを証明せよ．

(三重大)

考え方 初見だと方針が絞りにくいでしょう．問題文を丁寧に書き換えると「$f(-1), f(0), f(1)$ がいずれも 3 の倍数でないならば，整数 x に対して $f(x)$ は 3 の倍数でないことを示せ」です．

整数 x に対して $f(x)$ は 3 の倍数にならない．だから，0 にならないし，3, 6, 9, … にならないし，さらに $-3, -6, -9,$ … にならない．
だから方程式 $f(x) = 0$ は整数の解を持たない，という流れです．

比較のために 2 通りで書いてみます．合同式で行う場合は，整数係数の多項式 $f(x)$ に対して $x \equiv y$ のときに $f(x) \equiv f(y)$ なることを使います．また，x を 3 で割った余りが 2 のときは -1 と同じグループですから $x \equiv 2$ のときは $x \equiv -1$ と同じことです．

解答 以下 mod 3 とする．整数 x に対して
$x \equiv 0$ のとき $f(x) \equiv f(0)$
$x \equiv 1$ のとき $f(x) \equiv f(1)$
$x \equiv -1$ のとき $f(x) \equiv f(-1)$
である．$f(0), f(1), f(-1)$ はいずれも 3 の倍数ではないから，整数 x に対して $f(x)$ は 3 の倍数になることはない．$f(x)$ は $0, \pm 3, \pm 6, \cdots$ になることはできない．よって $f(x) = 0$ を満たす整数 x は存在しない．方程式 $f(x) = 0$ は整数の解をもたない．

別解 k, r を整数として，任意の整数 x は $x = 3k + r$ ($r = -1, 0, 1$ のいずれか) の形における．
$$f(x) = ax^3 + bx^2 + cx + d$$
$$= a(3k+r)^3 + b(3k+r)^2 + c(3k+r) + d$$
を展開すると
$$f(x) = 3L + ar^3 + br^2 + cr + d \quad (L \text{ は整数})$$

67

の形に書ける．$ar^3+br^2+cr+d=f(r)$ だから
$$f(x)=3L+f(r)$$
となる．$f(r)=f(-1), f(0), f(1)$ はいずれも 3 の倍数ではないから，
$$f(r)=3M\pm 1 \quad (M \text{ は整数})$$
の形で表される．結局，任意の整数 x に対して
$$f(x)=3L+3M\pm 1=3N\pm 1 \quad (N=L+M \text{ は整数})$$
の形になる．この後を背理法で書く．もし，方程式 $f(x)=0$ が整数解をもつと仮定する．その整数解 x に対して
$$0=3N\pm 1$$
となるが，左辺は 3 の倍数，右辺は 3 の整数倍でなく矛盾する．よって方程式 $f(x)=0$ は整数の解をもたない．

> **!注意** 【別解を示す意味】実は，今まで，教科書に合同式が掲載されていませんでした．そのために「教科書に載っていないことは使ったらいかん」という大人がいました．その人達は，試験で合同式を使った答案を見つけると，減点するわけです！「模擬試験で合同式を使ったらバツにされました．入試でも減点されるのですか？」と，よく聞かれました．海外の中学生，高校生に合同式を教えている国は多く，数学オリンピックでは普通に使います．数学オリンピックで活躍した人が東大を受けて合同式を使ったら減点されるなど，あり得ないとわかるでしょう？ 他国に遅れをとってしまうわ．大学入試は「優秀な生徒をとりたい」と思って実施しているのですから，そんなことで減点などするはずがありません．やっと教科書に掲載されるようになり，こんな不幸はなくなるはずです．熱烈な合同式ファンの大人もいますが，私は，このどちらでもありません．合同式を好きなら使えばいいし，いやなら普通に書けばよいと思うのです．
>
> 　本問の本質は $f(x)=3L+f(r)$ の式で，これを $f(x)\equiv f(r)$ と書くかどうかの違いです．見かけは違っても，同じ内容でしょう？「答案として大差はない」ことを見ていただきたくて 2 つの解法を書きました．

⟨合同式の応用⟩

問題 15 整数からなる数列 $\{a_n\}$ を漸化式
$$a_1 = 1,\ a_2 = 3,\ a_{n+2} = 3a_{n+1} - 7a_n \quad (n = 1, 2, \cdots)$$
によって定める．a_n が偶数になる n をすべて求めよ． (東大・改題)

考え方 範囲は数学 B です．まだ数列を学んでいない人は本問を飛ばしてください．大学入試では定番で，他大学にも類題が多く出ています．
$$a_3 = 3a_2 - 7a_1,\ a_4 = 3a_3 - 7a_2$$
と決まっていきます．a_n が偶数か奇数かだけが問題です．2 の倍数の違いは無視してよいので，計算しやすくするために，係数を小さくしていきましょう．
$$a_{n+2} = 3a_{n+1} - 7a_n = a_{n+1} + a_n + 2(a_{n+1} - 4a_n)$$
だから
$$a_{n+2} \equiv a_{n+1} + a_n \pmod{2}$$
となります．こうなれば「前の 2 つを足して次の項が出る」と覚えられます．このように扱いやすくするのが計算のコツです．え？「$a_{n+2} = 3a_{n+1} - 7a_n$ の係数のままやりたいって？」合同式の良さが分かっていないようですね．そういう人は，合同式を使わないで，普通の形式の解答を読んでください（☞注意6°，7°）．

なお，$a_1 = 1$ です．これは $a_1 \equiv 1$ と直せます．

解答 以下 $\mod 2$ とする．
$$a_1 \equiv 1,\ a_2 \equiv 3 \equiv 1$$
$$a_{n+2} = 3a_{n+1} - 7a_n = a_{n+1} + a_n + 2(a_{n+1} - 4a_n) \equiv a_{n+1} + a_n$$
$$a_3 \equiv a_2 + a_1 \equiv 1 + 1 \equiv 2 \equiv 0$$
$$a_4 \equiv a_3 + a_2 \equiv 0 + 1 \equiv 1$$
$$a_5 \equiv a_4 + a_3 \equiv 1 + 0 \equiv 1$$
1, 1, 0, 1, 1 ときたので，a_n を 2 で割った余りは，1, 1, 0, 1, 1, 0, 1, 1, 0, 1, 1, 0, … と繰り返す．ゆえに a_n が偶数になるのは n が 3, 6, 9, 12, … のときに限る．求める n は
$$n = 3k\ (k = 1, 2, 3, \cdots)$$

注意 1°【周期に入る】(a_n を 2 で割った余り，a_{n+1} を 2 で割った余り) は $(0, 0), (0, 1), (1, 0), (1, 1)$ の 4 通りしかありません．

（a_1 を 2 で割った余り, a_2 を 2 で割った余り）から
（a_5 を 2 で割った余り, a_6 を 2 で割った余り）までの連続する 5 組を調べれば，いつか同じ組が出てきます．ある k, m について

$$（a_k \text{を 2 で割った余り}, a_{k+1} \text{を 2 で割った余り}）$$
$$=（a_m \text{を 2 で割った余り}, a_{m+1} \text{を 2 で割った余り}）$$

になったとすると，

$$a_{k+2} \equiv a_{k+1} + a_k,\ a_{m+2} \equiv a_{m+1} + a_m$$

だから，

$$（a_{k+2} \text{を 2 で割った余り}）=（a_{m+2} \text{を 2 で割った余り}）$$

になります．このように，連続する 2 つについて同じものが出てくるまで調べれば，それ以後は周期に入ります．法が p なら余りの組合せは p^2 通りしかなく，p^2+1 個調べれば同じ組が出てきます．入学試験では，多くの場合は（a_1 を割った余り, a_2 を割った余り）に戻ります．

$a_3 \equiv a_2 + a_1$ や $a_4 \equiv a_3 + a_2$ などは「前の 2 つを加えている」という操作の明示です．これを書かない生徒が多いですが，ここが重要です．そうすれば，連続する 2 つについて同じものが出てくれば以後は周期になるというのは，証明するまでもなく明らかです．

$2°$【駄目な解答】$a_1, a_2, a_3, a_4, \cdots$ が偶数か奇数かを調べていくと奇数，奇数，偶数を周期 3 で繰り返す．求める n はすべての 3 の倍数である．

こういう，隙だらけの答案を書いてはいけません．上で述べたこととよく見比べてください．

$3°$【数学的帰納法】実は，周期になることを数学的帰納法で証明すべきだという大人もいます．読者の皆さんが信頼する先生がそう言われるのであれば，その先生にしたがって，数学的帰納法で証明してください．私が数学的帰納法で書かない理由は「帰納法で書いている余裕がないほど周期が長い問題がある」という現実があるからです（実戦編で示す）．

なお，帰納法で書く場合は次のようにします．もちろん $\mod 2$ です．

$a_{n+3} \equiv a_n$ であることを数学的帰納法で証明する．
$a_4 \equiv a_1,\ a_5 \equiv a_2$ であるから $n=1, 2$ で成り立つ．
$n=k,\ n=k+1$ で成り立つとする．

$a_{k+4} \equiv a_{k+1}, \ a_{k+3} \equiv a_k$ である.
$$a_{k+5} \equiv a_{k+4} + a_{k+3} \equiv a_{k+1} + a_k \equiv a_{k+2}$$
よって $n = k + 2$ で成り立つから数学的帰納法により証明された.

4°【表現で生徒を驚かす】東大の元の問題文は「a_n が偶数となることと, n が 3 の倍数になることは同値であることを示せ」でした.「同値」という言葉を見ると「特別な難しいことを書かなければいけない」と誤解して手がすくむ生徒が多いので, それを狙ってのことでしょう. もう, 東ちゃんったら, 意地悪なんだから〜. n が 3 の倍数のときには a_n が偶数で, それ以外のときには a_n が奇数になることを言えばそれで終わりです.

5°【一般項を求めてはいけない】実は数学 B では, $a_{n+2} = 3a_{n+1} - 7a_n$ のような 3 項間の漸化式の一般的解法を習います. $\dfrac{3 \pm \sqrt{19}i}{2}$ (i は虚数単位) を使った式ですが, 整数問題には使えません.

6°【解答と同じことを合同式を使わないで書く】以下 N_1 などは整数である.
$$a_1 = 1, \ a_2 = 3 = 1 + 2N_1$$
の形である.
$$a_{n+2} = 3a_{n+1} - 7a_n = a_{n+1} + a_n + 2(a_{n+1} - 4a_n) = a_{n+1} + a_n + 2N_2$$
の形である.
$$a_3 = a_2 + a_1 + 2N_3 = 1 + 1 + 2N_4 = 2N_5$$
の形となる.
$$a_4 = a_3 + a_2 + 2N_6 = 1 + 2N_7$$
の形となる.
$$a_5 = a_4 + a_3 + 2N_8 = 1 + 2N_9$$
の形となる. a_4, a_5 の形は a_1, a_2 の形と同じであり, 以下これの繰り返しである (以下省略).

「上の N_4 のところは $N_1 + N_3$ だろう」と突っ込む人がいます. 書き手の意図はなかなか伝わりにくいようです. ここの意図は「2 の倍数の部分はどうでもよいから, きちんと見なくてよい」です. 空欄はある整数として
$$a_1 = 1, \ a_2 = 1 + 2 \times \boxed{}$$
$$a_3 = a_2 + a_1 + 2 \times \boxed{} = 1 + 1 + 2 \times \boxed{} = 2 \times \boxed{}$$

ということです．

7°【周期性を直接示す】 $a_{n+3} = 3a_{n+2} - 7a_{n+1}$
$$= 3(3a_{n+1} - 7a_n) - 7a_{n+1} = 2a_{n+1} - 21a_n$$

よって
$$a_{n+3} - a_n = 2a_{n+1} - 22a_n = 2(a_{n+1} - 11a_n) = 偶数$$

ゆえに a_{n+3} の偶奇と a_n の偶奇は一致する．ゆえに a_n が偶数か奇数かは周期 3 で繰り返す．

8°【いつもうまくいくか？】 7°の手法は類似の問題で同様に使えるでしょうか？ きっと大半の人が「使える」と思うでしょう？ ところがねえ…

類題 $s_1 = 4,\ s_2 = 18,$
$$s_{n+2} = 4s_{n+1} + s_n\ (n = 1, 2, 3, \cdots)$$

で定まる数列 $\{s_n\}$ がある．s_{n+4} を 10 で割った余りと s_n を 10 で割った余りが等しいことを示せ． (03 東大の問題の一部分)

問題 15 とこの問題は形はほとんど同じです．だから同じ方針で解けると思う人達がいます．うまくいくというのは $s_{n+4} - s_n = As_{n+1} + Bs_n$ と表したとき，A, B が 10 の倍数になるはず，ということです．

【駄目な方針】
$$s_{n+4} = 4s_{n+3} + s_{n+2} = 4(4s_{n+2} + s_{n+1}) + s_{n+2}$$
$$= 17s_{n+2} + 4s_{n+1} = 17(4s_{n+1} + s_n) + 4s_{n+1} = 72s_{n+1} + 17s_n$$

よって
$$s_{n+4} - s_n = 72s_{n+1} + 16s_n$$

で，係数が 72 と 16 で，10 の倍数になっていない！ あれ〜〜？ うまくいきませんね．「こうすればうまくいく」という方法の中には「たまたまうまくいった」ものと「いつもうまくいく」ものに分類できます．経験則はあくまでも経験則です．経験が少なければ，判断を誤っていることもあります．

03 年の東大の問題の正しい方針は問題 15 の解答と同じです．mod 10 で
$$s_1 \equiv 4,\ s_2 \equiv 8,\ s_3 \equiv 6,\ s_4 \equiv 2,\ s_5 \equiv 4,\ s_6 \equiv 8$$

と調べて終わりです．もちろん，数学的帰納法で書くのが好きな人は帰納法で書いてください．

部屋割り論法

「n 個の部屋に $(n+1)$ 人を入れると，2 人以上が入る部屋がある」という原理を使う論法を「ディリクレの部屋割り論法」といい，教科書ではこの名前を採用しています．解法に際しては「部屋と人の設定」が問題です．ディリクレが 1834 年に「引き出し原理」という名前で書いたのが始まりであるとされているので，「引き出し論法 (Dirichlet drawer principle)」ともいいます．これらが伝統的な用語です．数十年前に，「組合せ論」の数学者が「鳩の巣原理 (pigeonhole principle)」という言い方を始めました．鳩の巣なんて見たことがないから，巣と鳩の設定と言われても，私はピンときません．

ディリクレは，この論法を使って整数論のいくつかの定理を証明しています．

〈部屋の設定〉

問題 16 x-y 平面において，x 座標，y 座標が共に整数である点を格子点という．いま，互いに異なる 5 個の格子点を任意に選ぶと，その中に次の性質をもつ格子点が少なくとも一対は存在することを示せ．
一対の格子点を結ぶ線分の中点がまた格子点となる．

(早大・政経)

考え方 格子点 (a, b), (c, d) の中点は $\left(\dfrac{a+c}{2}, \dfrac{b+d}{2}\right)$ です．$\dfrac{a+c}{2}$ が整数になるのは $a+c$ が偶数になるときで，それは a, c の偶奇が一致するときです．a, c の偶奇が問題になります．そこで，x 座標が偶数か奇数か，y 座標が偶数か奇数かを考え

(偶数, 偶数), (偶数, 奇数), (奇数, 偶数), (奇数, 奇数)

という，4 つの部屋を用意します．

この問題は海外の数学オリンピック系の問題集では有名な問題です．早大・政経では部屋割り論法の問題を何題も出題しています．

解答 (x, y) の x, y が偶数か奇数かで分類すると

(偶数, 偶数), (偶数, 奇数), (奇数, 偶数), (奇数, 奇数)

の 4 タイプある．5 つの格子点があれば，どれか 2 点は同じタイプになる．それらを $(a, b), (c, d)$ とすると，a と c は偶奇が一致し，b と d は偶奇が一致するから $a+c, b+d$ は偶数になり，点 $\left(\dfrac{a+c}{2}, \dfrac{b+d}{2}\right)$ は格子点になる．よって証明された．

実戦問題・初級編・解答

　試験には2つの目的があります．1つは学習到達度を測るという点です．これは訓練しやすい人間かどうかを見るという言い方もできます．独創性はあるけれど，教授の言うことを全く聞かないという学生は，お断りです．もう1つは，見たことがない問題で思考力を試すという面です．独創性をもった，思考力抜群の学生は，教授の論文を代筆してくれて，あ，もとい，優秀なアシスタントとなって教授を補助してくれて，後継者となってくれます．だから試験は，どこかで見たことがあってすぐ解法が浮かぶ問題と，見たことがない問題が並びます．教科書で見たことがある問題だけを解いていたのでは，入学試験で困ります．

　この実戦編では，教科書傍用問題集に載っているような問題もありますが，そうでないものもあります．初級レベルとは大学入試としては易しいということであり，数学的に基礎というわけではありません．

〈最大公約数と最小公倍数〉

問題 17 和が 546 で最小公倍数が 1512 である 2 つの正の整数は小さい順に ☐, ☐ である． （麻布大・生命環境）

考え方　「最小公倍数」という言葉が出ているので「最大公約数」を使って表記するのが基本です．

解答　その2数を小さい方から x, y とし，x, y の最大公約数を g とする．
$$x = ga,\ y = gb \quad (a, b \text{ は互いに素},\ a < b)$$
とおける．x, y の最小公倍数は gab である．

x, y の和が 546 で最小公倍数が 1512 であるから
$$ga + gb = 546, \quad gab = 1512$$
である．

$$g(a+b) = 2 \cdot 3 \cdot 7 \cdot 13 \quad \cdots\cdots ①$$
$$gab = 2^3 \cdot 3^3 \cdot 7 \quad \cdots\cdots ②$$

① ÷ ② より
$$\frac{a+b}{ab} = \frac{13}{2^2 \cdot 3^2} \quad \cdots\cdots ③$$

空欄補充問題であるから，答えを1つ見つければよい（☞注意1°）．
$$2^2 + 3^2 = 4 + 9 = 13$$

だから $a=2^2, b=3^2$ であろう．② より $g=2\cdot 3\cdot 7$ である．
$x=2^3\cdot 3\cdot 7=168, y=2\cdot 3^3\cdot 7=378$
答えは **168** と **378** である．

!注意　1° 【論述用の解答】「答えを 1 つ見つければよい」を，きちんといえば，次のようになります．

　　a と b は互いに素だから，ab と $a+b$ も互いに素である．すなわち ③ の左辺は既約分数である．右辺も既約分数だからそれぞれの分母と分子は等しい．

2° 【和と積は互いに素】 1°で，

　　　　a と b が互いに素のとき ab と $a+b$ も互いに素

と書きました．有名な事実ですが，それほどは入試に出ていません．

【a, b が互いに素 $\Longrightarrow$ ab と $a+b$ も互いに素の証明】背理法による．もし「ab と $a+b$ が互いに素」でないと仮定すると，ab と $a+b$ が共通な素因数をもつことになる．その 1 つを p とすると，

　　　　$ab=pA, a+b=pB$ 　(A, B は整数)

とおける．$ab=pA$ より，ab は p の倍数で p は素数だから，a が p の倍数であるか，b が p の倍数である．a が p の倍数のとき，$a=pc$ とおいて，$a+b=pB$ に代入すると

　　　　$pc+b=pB$ 　　　$\therefore$ 　$b=p(B-c)$

b も p の倍数になる．a と b がともに p の倍数になるから互いに素であることに反する．b が p の倍数としても同様に矛盾する．ゆえに ab と $a+b$ は互いに素である．

　　実は

　　　　ab と $a+b$ が互いに素のとき a と b も互いに素

も成り立ちます．

【ab と $a+b$ が互いに素 $\Longrightarrow a, b$ も互いに素の証明】これも背理法で行う．もし「a, b が互いに素」でないと仮定すると，a, b が共通な素因数をもつことになる．その 1 つを p とすると，$a=pa', b=pb'$ (a', b' は整数)

とおけて $ab=p^2a'b'$, $a+b=p(a'+b')$ となり，ab と $a+b$ は両方とも p の倍数となる．ab と $a+b$ が互いに素であることに反する．ゆえに a と b は互いに素である．

〈個数を数える〉

問題 18 1以上 2008 以下の整数のうち, 12 でも 15 でも割り切れる整数は全部で □ 個, 12 でも 15 でも割り切れない整数は全部で □ 個ある.

(静岡文化芸術大)

考え方 n, k は自然数とすると, 1以上 n 以下の整数のうちで k の倍数のものは $\left[\dfrac{n}{k}\right]$ 個あります. $[x]$ はガウス記号で, x の整数部分を表します.

集合 A の要素の個数を $n(A)$ と表します. n は the number of members in A の頭文字の n です. 要素の個数を数える公式を確認します.

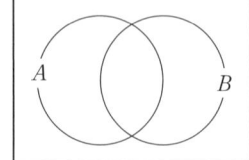

$$n(A \cup B) = n(A) + n(B) - n(A \cap B)$$

$$n(A \cup B \cup C) = n(A) + n(B) + n(C) - n(A \cap B)$$
$$- n(B \cap C) - n(C \cap A) + n(A \cap B \cap C)$$

問題文は生徒が使う記号をあけておくのが配慮ですが, ときどき, 問題文の中で n を使ってしまう困ったものがあります. そういうときには n が使えないので $\#(A)$ を使います. # も読み方は number です. $n(A)$ は教科書に載っている記号, $\#(A)$ は教科書に載っていない記号ですが, 大学の「組合せ論」では普通に使います.

解答 1以上 2008 以下の整数のうち, 12 の倍数の集合を A, 15 の倍数の集合を B とする.

$$n(A) = \left[\dfrac{2008}{12}\right] = \left[\dfrac{502}{3}\right] = [167.3\cdots] = 167$$

$$n(B) = \left[\dfrac{2008}{15}\right] = [133.8\cdots] = 133$$

$$n(A \cap B) = \left[\dfrac{2008}{3 \cdot 4 \cdot 5}\right] = \left[\dfrac{2008}{60}\right]$$
$$= [33.4\cdots] = 33$$

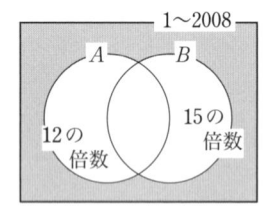

12 でも 15 でも割り切れる整数は全部で **33** 個ある.

$$n(A \cup B) = n(A) + n(B) - n(A \cap B)$$
$$= 167 + 133 - 33 = 267$$

1以上 2008 以下の整数のうち, 12 でも 15 でも割り切れない整数は $2008 - 267 = \mathbf{1741}$ 個ある.

〈オイラー関数〉

問題 19 n を自然数とするとき，$m \leqq n$ で m と n の最大公約数が 1 となる自然数 m の個数を $f(n)$ とする．
（1） $f(15)$ を求めよ
（2） p, q を互いに異なる素数とする．このとき $f(pq)$ を求めよ．
（3） p, q, r を互いに異なる素数とする．このとき $f(pqr)$ を求めよ．

（名大・文系・改題）

考え方　「n を自然数とするとき，$m \leqq n$ で m と n の最大公約数が 1 となる自然数 m の個数を $f(n)$ とする」という文章は分かりにくでしょう？文字を2つ使っているためです．この場合の m は 1 以上 n 以下を動く変数です．
　「n を自然数とする．n 以下の自然数で，n と最大公約数が 1 になるものの個数を $f(n)$ とする」と表現すれば，m を使う必要はありません．「1 以上 n 以下の整数で，n と共通な素数の約数をもたないものの個数」といえば，もっと直接的です．
　問題文に n が使ってあるので，今は，集合の要素の個数を表すのに，$\#(P)$ を使うことにします．

解答　（1） $1, 2, 3, 4, 5, 6, 7, 8, 9, 10, 11, 12, 13, 14, 15$ の中で 15 と互いに素になるもの，つまり $3, 5$ を約数にもたないものの個数が問題である．3 の倍数のものを排除し，かつ，5 の倍数のものを排除する．その結果残るのは $1, 2, 4, 7, 8, 11, 13, 14$ の8個であるから $f(15) = 8$
（2） $1 \sim pq$ の中で p の倍数でも q の倍数でもないものの個数が $f(pq)$ である．そこで $1 \sim pq$ の中で p の倍数であるか，q の倍数であるものの個数を求め，pq から引くことを考える．$1 \sim pq$ の中で p の倍数の集合を P，q の倍数の集合を Q とする．集合 P の要素の個数を $\#(P)$ で表す．$[x]$ はガウス記号である．

$$\#(P) = \left[\frac{pq}{p}\right] = q, \ \#(Q) = \left[\frac{pq}{q}\right] = p,$$
$$\#(P \cap Q) = \left[\frac{pq}{pq}\right] = 1$$
$$\#(P \cup Q) = \#(P) + \#(Q) - \#(P \cap Q) = q + p - 1$$

よって p, q と互いに素なものは $pq - (p + q - 1)$ 個あり
$$f(pq) = (p-1)(q-1)$$

（3） $1 \sim pqr$ の中で，p の倍数の集合を P，q の倍数の集合を Q，r の倍数の集合

を R とする.

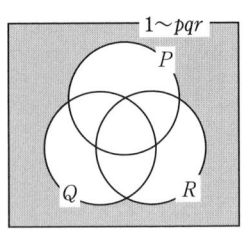

$$\#(P) = \left[\frac{pqr}{p}\right] = qr,$$

$$\#(Q) = \left[\frac{pqr}{q}\right] = pr,$$

$$\#(R) = \left[\frac{pqr}{r}\right] = pq,$$

$$\#(P \cap Q) = \left[\frac{pqr}{pq}\right] = r, \ \#(Q \cap R) = \left[\frac{pqr}{qr}\right] = p,$$

$$\#(R \cap P) = \left[\frac{pqr}{pr}\right] = q, \ \#(P \cap Q \cap R) = \left[\frac{pqr}{pqr}\right] = 1$$

$$\#(P \cup Q \cup R) = \#(P) + \#(Q) + \#(R) - \#(P \cap Q)$$
$$- \#(Q \cap R) - \#(R \cap P) + \#(P \cap Q \cap R)$$
$$= qr + pr + pq - (p + q + r) + 1$$

$$f(pqr) = pqr - \{qr + pr + pq - (p + q + r) + 1\}$$
$$= (p-1)(q-1)(r-1)$$

!注意 1°【オイラー関数】自然数 n の素因数を p_1, p_2, p_3, ··· とすると,

$$f(n) = n\left(1 - \frac{1}{p_1}\right)\left(1 - \frac{1}{p_2}\right)\left(1 - \frac{1}{p_3}\right)\cdots$$

になることが知られています．一般の場合は大学入試に出たことはありませんし，その証明は高校レベルを超えます．この関数をオイラー関数といいます．

一般の場合の証明を知りたい人は大学の教科書を見てください．たとえば「初等整数論講義（高木貞治著，共立出版）」p.42 にあります．

ただし，n の素因数が3種類なら完璧に高校の範囲内です．p, q, r を異なる素数，k, l, m を自然数として $n = p^k q^l r^m$ とおく．あとは上と同様に集合 P, Q, R を定めて，（3）と同様の手順で

$$f(n) = p^k q^l r^m - (p^{k-1} q^l r^m + p^k q^{l-1} r^m + p^k q^l r^{m-1})$$
$$+ (p^{k-1} q^{l-1} r^m + p^k q^{l-1} r^{m-1} + p^{k-1} q^l r^{m-1}) - p^{k-1} q^{l-1} r^{m-1}$$
$$= p^k q^l r^m \left(1 - \frac{1}{p}\right)\left(1 - \frac{1}{q}\right)\left(1 - \frac{1}{r}\right)$$

2°【原題】名大の元の問題は（2）までで（3）がありませんでした．

―〈ルジャンドル関数〉―

問題20 n を自然数とする．$219!$ は 2^n で割り切れるが，2^{n+1} では割り切れないとすると，$n = \boxed{}$ である．　　　　　　　　（早大・教）

考え方　まだ階乗を習っていない人のために，記号の説明です．$n!$ は 1 から n までの自然数を掛けたもので，! は factorial（ファクトリアル）と読みます．

本問は頻出問題です．「1 から 100 まで掛けると 0 がいくつ並びますか」という形で小学生にもお馴染みのタイプです．今は素因数 2 の個数を数えます．いくつか解法がありますが，一番簡単な方法を 1 つだけ解説をします．

解答　$219!$ は 1 から 219 まで掛けたものである．各数が 2 をいくつ持っているかが問題である．奇数は 2 を持っていないので，偶数を並べる．各偶数が 2 をいくつ持っているかを・の個数で表す．

$$2,\ 4,\ 6,\ 8,\ 10,\ 12,\ 14,\ 16,\ 18,\ 20,\ 22,\ 24,\ \cdots\cdots$$

8 は 2 を 3 つ持っているから・を 3 つ書いてある．・の総数を数える．1 段目を数えると $\left[\dfrac{219}{2}\right]$ 個ある．2 段目（4 の倍数の下にある）を数えると $\left[\dfrac{219}{2^2}\right]$ 個ある．以下同様に繰り返し，

$$n = \left[\dfrac{219}{2}\right] + \left[\dfrac{219}{2^2}\right] + \left[\dfrac{219}{2^3}\right] + \cdots + \left[\dfrac{219}{2^7}\right]$$

である．ただし $\left[\dfrac{219}{2^8}\right] = \dfrac{219}{256} < 1$ だから $\left[\dfrac{219}{2^7}\right]$ までの和となる．

$$n = 109 + 54 + 27 + 13 + 6 + 3 + 1 = \mathbf{213}$$

注意　$p^m \leqq n < p^{m+1}$ として，$n!$ に含まれる素数 p の個数は

$$f(n, p) = \left[\dfrac{n}{p}\right] + \left[\dfrac{n}{p^2}\right] + \left[\dfrac{n}{p^3}\right] + \cdots + \left[\dfrac{n}{p^m}\right]$$

で表され，アメリカではルジャンドル関数というそうです．

類題　p を素数，n を正の整数とするとき，$(p^n)!$ は p で何回割り切れるか．

（京大・理系・甲）

（略解）　$f(p^n, p) = p^{n-1} + \cdots + 1 = \dfrac{p^n - 1}{p - 1}$

― 〈1次式を扱う〉 ―

問題 21 あるドラッグストアで原価 130 円／個の風邪薬と原価 310 円／個の胃薬を仕入れ，消費税なしの総額 6840 円を支払った．このときの仕入れ個数は風邪薬が ☐ 個，胃薬が ☐ 個であった．

(帝京大・薬)

考え方 個数を設定し，方程式を立てます．あとは，それを満たす x, y が正の整数になる条件を求めます．

　表現が粗雑です．／個は 1 個あたり，という意味です．／個と書いた問題文を初めて見ました．消費税を支払わないで踏み倒すようです．このまま読むと，誰かがドラッグストアに行って，風邪薬と胃薬を仕入れたと読めます．仕入れて，転売するのでしょうか？

解答 風邪薬を x 個，胃薬を y 個仕入れたとする．ここで x, y は自然数である．

$$130x + 310y = 6840 \quad \therefore \quad 13x + 31y = 684$$

これを x について解いて $x = \dfrac{684 - 31y}{13}$ とする．

684, 31 は数値が大きいので，これを 13 で割っておく．

$684 = 52 \cdot 13 + 8, \ 31 = 13 \cdot 2 + 5$ だから

$$x = \frac{684 - 31y}{13} = \frac{52 \cdot 13 + 8 - (13 \cdot 2 + 5)y}{13} = 52 - 2y - \frac{5y - 8}{13}$$

これが整数になるとき $\dfrac{5y - 8}{13} = z$ (z は整数) とおける．

$$5y - 8 = 13z$$

これを y について解くと $y = \dfrac{13z + 8}{5}$ となる．

$$y = \frac{13z + 8}{5} = \frac{(5 \cdot 2 + 3)z + (5 + 3)}{5} = 2z + 1 + \frac{3(z + 1)}{5}$$

y が整数だから $z + 1$ は 5 の倍数であり，$z + 1 = 5k$ (k は整数) とおくと

$$y = 2(5k - 1) + 1 + 3k = 13k - 1$$

$$x = 52 - 2(13k - 1) - \frac{5(13k - 1) - 8}{13}$$

$$= 52 - 26k + 2 - 5k + 1 = 55 - 31k$$

$x \geqq 0, \ y \geqq 0$ より $13k - 1 \geqq 0, \ 55 - 31k \geqq 0$

$$\therefore \quad k = 1, \ \boldsymbol{x = 24, \ y = 12}$$

> ⚠️**注意** 【ディオファントス方程式】$13x+31y=684$ はディオファントス方程式です．ユークリッドの互除法を習い，その応用として，ディオファントスの不定方程式 $ax+by=c$ の特殊解を見つける方法を習いました．本問でそれをやってみましょう．

$$31y+13x=684$$

の解を求める．そのために

$$31y+13x=1$$

の特殊解を見つけたい．ユークリッドの互除法をする．

$$31=13\cdot 2+5 \quad\cdots\cdots①$$

$$13=5\cdot 2+3 \quad\cdots\cdots②$$

$$5=3\cdot 1+2 \quad\cdots\cdots③$$

$$3=2\cdot 1+1 \quad\cdots\cdots④$$

$a=31$, $b=13$ とおく．① より $a=2b+5$ $\quad\therefore\quad 5=a-2b$

② に $13=b$, $5=a-2b$ を代入し $b=2(a-2b)+3$

$$\therefore\quad 3=5b-2a$$

③ にこれらを代入し $a-2b=5b-2a+2$

$$\therefore\quad 2=3a-7b$$

④ にこれらを代入し

$$5b-2a=3a-7b+1$$

$$\therefore\quad 12b-5a=1$$

$$12\cdot 13-5\cdot 31=1$$

$$31\cdot(-5)+13\cdot 12=1$$

結局，特殊解は -5 と 12 である．

これを 684 倍して $31y+13x=684$ の特殊解が見つかります．

$$31\cdot(-5)\cdot 684+13\cdot 12\cdot 684=684$$

これと

$$31y+13x=684$$

を辺ごとに引いて

$$31(5\cdot 684+y)-13(12\cdot 684-x)=0$$

$$31(5\cdot 684+y)=13(12\cdot 684-x) \quad\cdots\cdots⑤$$

左辺は 31 の倍数だから右辺も 31 の倍数で，$12\cdot 684-x=31m$（m は整数）とおける．⑤ に代入し

$$31(5\cdot 684+y)=13\cdot 31m$$

$$5\cdot 684+y=13m$$

$$x=12\cdot 684-31m,\ y=13m-5\cdot 684$$

$x\geqq 0,\ y\geqq 0$ より

$$\frac{5\cdot 684}{13}\leqq m\leqq \frac{12\cdot 684}{31}$$

$$263.0\cdots\leqq m\leqq 264.7\cdots$$

$$m=264$$

$$x=12\cdot 684-31\cdot 264=24,\ y=13\cdot 264-5\cdot 684=12$$

とわかります．しかし，解答と比べると，手順が長く，数値も大きく面倒です．

　定数項が大きいときには「特殊解を見つけて辺ごとに引く」という解法は，数値が大きくなる危険性があるということがわかります．

〈1次式を扱う〉

問題 22　A，B，Cの3人は1匹の猿と他の動物を飼育している．3人は共同で餌のマンゴーを N 個買った．ある日3人は別々に飼育場に行き，猿と他の動物にマンゴーを食べさせた．

最初はAが行き，1個を猿に与え，残りの $\frac{1}{3}$ を他の動物に与え，$\frac{2}{3}$ を飼育場に残しておいた．

次にBが飼育場に行き，Aと同様に，1個を猿に与え，残りの $\frac{1}{3}$ を他の動物に与え，$\frac{2}{3}$ を飼育場に残しておいた．

最後にCが飼育場に行き，やはり1個を猿に与え，残りの $\frac{1}{3}$ を他の動物に与え，$\frac{2}{3}$ を飼育場に残しておいた．

翌日3人は飼育場に行き，残っていたマンゴーの内，1個を猿に与えた．すると残りのマンゴーは3人で3等分することができた．

このような N の最小値は ☐ である．また一般の N はこの最小値に ☐ の倍数を加えたものである．

(慶応大・総合政策)

考え方　式を立てていきますが，あちこちに出てくる数が整数になるかどうかをきちんと考えます．

解答 ▶　最初，Aは猿に1個与え，

$$\frac{1}{3}(N-1) \text{ (個)} \cdots\cdots①$$

を他の動物に与え，$\frac{2}{3}(N-1)$ (個) を飼育場に残しておいた．

次にBは猿に1個与え，

$$\frac{\frac{2}{3}(N-1)-1}{3} = \frac{2N-5}{9} \text{ (個)} \cdots\cdots②$$

を他の動物に与え，$2 \cdot \frac{2N-5}{9} = \frac{4N-10}{9}$ (個) を飼育場に残しておいた．

最後にCは猿に1個与え，

$$\frac{\frac{4N-10}{9}-1}{3} = \frac{4N-19}{27} \text{ (個)} \cdots\cdots③$$

を他の動物に与え，$2 \cdot \frac{4N-19}{27} = \frac{8N-38}{27}$ (個) を飼育場に残しておいた．

翌日に猿に 1 個を与え，残る
$$\frac{8N-38}{27} - 1 = \frac{8N-65}{27} \text{(個)} \quad \cdots\cdots ④$$
が 3 の倍数だから，$\frac{8N-65}{27} = 3m$ (m は自然数) とおくと
$$N = \frac{81m+65}{8} = 10m + 8 + \frac{m+1}{8}$$
N が整数だから，$\frac{m+1}{8} = n$ (n は自然数) とおけて
$$m = 8n - 1, \quad N = 10(8n-1) + 8 + n = 81n - 2$$
このとき，①，②，③ に代入し
$$\frac{1}{3}(N-1) = \frac{81n-3}{3} = 27n - 1$$
$$\frac{2N-5}{9} = \frac{162n-9}{9} = 18n - 1$$
$$\frac{4N-19}{27} = \frac{4 \cdot 81n - 27}{27} = 12n - 1$$
はいずれも自然数であるから適する．

N は $N = 81n - 2$, $n \geqq 1$ で定まる．

N の最小値は **79** である．また，一般の N はこの最小値に 81 の倍数を加えたものである．

別解 ① の方から自然数にしていく．以下，文字は自然数である．
$\frac{1}{3}(N-1) = k$ とおいて $N = 3k + 1$
② に代入し，
$$\frac{2N-5}{9} = \frac{6k-3}{9} = \frac{2k-1}{3} = k - \frac{k+1}{3}$$
$\frac{k+1}{3} = l$ とおけて，
$$k = 3l - 1, \quad N = 3k + 1 = 9l - 2$$
$N = 9l - 2$ を ③ に代入し
$$\frac{4N-19}{27} = \frac{4 \cdot 9l - 27}{27} = \frac{4l}{3} - 1$$
$l = 3m$ とおけて $N = 27m - 2$ となる．最後に ④ について，
$$\frac{8N-65}{27} = \frac{8 \cdot 27m - 81}{27} = 8m - 3$$
が 3 の倍数だから $m = 3n$ とおけて $N = 81n - 2$

【整数の頻出形】▷▷

大学入試の整数問題では頻出3タイプを覚えてください．
（ア）　因数分解の応用
（イ）　不等式で挟む
（ウ）　剰余による分類
です．青いネコ型ロボットがポケットから道具を取り出すように，整数問題では，この中で道具を探すようにします．

〈因数分解の応用〉

問題 23　n を 2 以上の自然数とするとき，n^4+4 は素数にならないことを示せ．

（宮崎大・教育文化，農）

考え方　「因数分解」と言っても，与式を完全に因数分解するのではありません．変数部分を，積の形に表すのです．

解答▶　$n^4+4 = n^4+4n^2+4-4n^2$
$= (n^2+2)^2 - (2n)^2 = (n^2+2+2n)(n^2+2-2n)$
$= (n^2+2n+2)\{(n-1)^2+1\}$

$n \geqq 2$ だから

$n^2+2n+2 \geqq 4+4+2 = 10,\ (n-1)^2+1 \geqq 1+1 = 2$

よって，n^4+4 は 2 以上の 2 つの整数の積だから素数ではない．

⟨因数分解の応用⟩

問題 24 2桁の正の整数で，2乗した数の下2桁が元の数と同じになるようなものをすべて求めると ☐ である．　　　　　（小樽商科大）

考え方 求める整数を n とし，n の十の位の数を a，一の位の数を b，n^2 の百の位以上の部分を N とします．

$$n = 10a + b, \quad n^2 = 100N + 10a + b \quad \cdots\cdots Ⓐ$$

の形になるということです．例を挙げれば

$$n = 7 \times 10 + 6, \quad n^2 = 5776 = 57 \times 100 + 7 \times 10 + 6$$

という感じです．Ⓐで a と b は2箇所にあります．数学では**未知のものは消去する**のが普通の手法です．つまり $n^2 - n = 100N$ と a, b を消してしまうのです．

なお，本問を初めて見たのは，母の貰ってきた本です（p.33 の戯れ言を見てください）．小学生だから調べて見つけました（☞注意）．そこに書いてあった「隣り合った整数 n と $n-1$ は互いに素」を使います．

解答 求める整数を n $(10 \leqq n \leqq 99)$ とする．$n^2 = 100N + n$（N は自然数）という形だから　$n^2 - n = 100N$

$$n(n-1) = 100N \quad \therefore \quad n(n-1) = 4 \cdot 25N$$

n と $n-1$ が互いに素ということに注意すれば，n と $n-1$ の一方だけが4の倍数で，一方だけが25の倍数である．また $n \leqq 99$ だから，一方が100の倍数ということはない．よって n と $n-1$ の一方が4の倍数で，他方が25の倍数になる．
（ア）n が25の倍数のとき．$n = 25, 50, 75$ である．このとき順に $n-1 = 24, 49, 74$ となり，これが4の倍数になるのは $n = 25$ のときである．
（イ）$n-1$ が25の倍数のとき．$n-1 = 25, 50, 75$ である．このとき順に $n = 26, 51, 76$ となり，これが4の倍数になるのは $n = 76$ のときである．
よって求める n は $n = \mathbf{25, 76}$ である．

注意 【調べる】まず，平方して一の位が変わらないものを調べる．$0^2 \sim 9^2$ を調べると 0, 1, 5, 6 である．
$10^2, 20^2, 30^2, \cdots, 90^2$ までを調べると十の位は0になり，不適．
$11^2, 21^2, 31^2, \cdots, 91^2$ までを調べると，不適．
$15^2, 25^2, 35^2, \cdots, 95^2$ までを調べると，$25^2 = 625$ が適す．
$16^2, 26^2, 36^2, \cdots, 96^2$ までを調べると，$76^2 = 5776$ が適す．

【2次のディオファントス方程式】▶▶

　本書の読者は，数学Aの教科書を学んだ人だけを対象としているのではありません．一通り学んだ高校3年以上も対象としています．これ以後，学習者の履修範囲によっては未修の曲線（課程によって，数学C，または数学III）が出てきますが，知らない用語が出てきても気にしないで読み流してください．

$$axy + bx + cy + d = 0 \,(a \neq 0)$$
$$ax^2 + bxy + cy^2 + dx + ey + f = 0$$

の形の方程式を2次のディオファントス方程式といい，このタイプは，解法が確定しています．双曲型が2タイプと楕円型です．名前の由来と解法は問題の中で見てください．名前は覚える必要はありません．

〈双曲型〉

問題 25　（1）　$xy + 2y - x = 0$ をみたす整数 x, y の組をすべて求めよ．
（専修大）

（2）　方程式 $3xy + 3x - 2y = 6$ を満たす整数解 (x, y) を求めよ．
（椙山女学園大）

考え方　（1）　$xy - px - qy + c = 0$ は $(x-q)(y-p) = pq - c$
と変形します．

（2）　曲線 $axy + bx + cy + d = 0$ を標準形に変形する場合，xy の係数を1にするのが定石です（この際，一度，整数という条件を忘れます）．a で割って

$$xy + \frac{b}{a}x + \frac{c}{a}y + \frac{d}{a} = 0$$
$$\left(x + \frac{c}{a}\right)\left(y + \frac{b}{a}\right) = \frac{bc}{a^2} - \frac{d}{a}$$

整数という状態に戻すために，両辺に a^2 を掛けて

$$(ax + c)(ay + b) = bc - ad$$

とします．

　教科書（課程によって，数学C，または数学III）で双曲線 $axy + bx + cy + d = 0$ を習います．この標準形が $(x-q)(y-p) = r$ で，$axy + bx + cy + d = 0$ タイプのディオファントス方程式を双曲型といいます．中学1年で「反比例のグラフ $xy = k$」を習いますが，その一般形です．

解答 （1） $xy+2y-x=0$

$(x+2)(y-1)=-2$

$\begin{pmatrix} x+2 \\ y-1 \end{pmatrix} = \begin{pmatrix} 1 \\ -2 \end{pmatrix}, \begin{pmatrix} -1 \\ 2 \end{pmatrix}, \begin{pmatrix} 2 \\ -1 \end{pmatrix}, \begin{pmatrix} -2 \\ 1 \end{pmatrix}$

$(\boldsymbol{x}, \boldsymbol{y}) = (-1, -1), (-3, 3), (0, 0), (-4, 2)$

（2） $3xy+3x-2y=6$ を3で割り，

$xy+x-\dfrac{2}{3}y=2$

$\left(x-\dfrac{2}{3}\right)(y+1) = -\dfrac{2}{3}+2$

$(3x-2)(y+1) = 4$

$\begin{pmatrix} 3x-2 \\ y+1 \end{pmatrix} = \begin{pmatrix} 1 \\ 4 \end{pmatrix}, \begin{pmatrix} 2 \\ 2 \end{pmatrix}, \begin{pmatrix} 4 \\ 1 \end{pmatrix}, \begin{pmatrix} -1 \\ -4 \end{pmatrix}, \begin{pmatrix} -2 \\ -2 \end{pmatrix}, \begin{pmatrix} -4 \\ -1 \end{pmatrix}$

$3x-2$ は3で割ると余りが1だから $3x-2=2, -1, -4$ にはならない．

$\begin{pmatrix} 3x-2 \\ y+1 \end{pmatrix} = \begin{pmatrix} 1 \\ 4 \end{pmatrix}, \begin{pmatrix} 4 \\ 1 \end{pmatrix}, \begin{pmatrix} -2 \\ -2 \end{pmatrix}$

$(\boldsymbol{x}, \boldsymbol{y}) = (0, -3), (1, 3), (2, 0)$

注意 1°【曲線の概形】曲線

$(x+2)(y-1) = -2$

は右図のようになります．

黒丸が（1）で求めた格子点（x 座標と y 座標が整数の点）です．

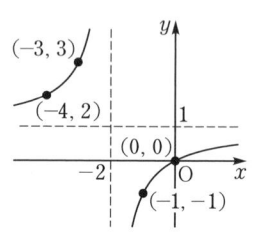

2°【縦2倍の括弧】横括弧で

$(3x-2, y+1) = (1, 4), (2, 2), (4, 1), (-1, -4), (-2, -2), (-4, -1)$

と書くと，見ていくときに拾い間違える危険性があります．だから，こういうときは，x は上のライン，y は下のラインを見るように，縦に書くのが普通です．答えはそれ以上変形しないので，横括弧で書きます．実は，昔は，整数解を列挙するときには丸括弧を使わず，左側だけのひげ括弧を用いて

$\begin{cases} 3x-2 \\ y+1 \end{cases} = \begin{cases} 1 \\ 4 \end{cases}, \begin{cases} 2 \\ 2 \end{cases}, \begin{cases} 4 \\ 1 \end{cases}, \begin{cases} -1 \\ -4 \end{cases}, \begin{cases} -2 \\ -2 \end{cases}, \begin{cases} -4 \\ -1 \end{cases}$

と書きました．括弧が左側だけしかないために，横幅が節約できるので，学校の定期テストのような狭い答案用紙には適しています．最近の生徒が「これなんですか？」と聞くので，残念ですが本書では使わないことにします．

〈双曲型〉

問題 26 p を素数とする．x, y に関する方程式 $\dfrac{1}{x} + \dfrac{1}{y} = \dfrac{1}{p}$ を満たす正の整数の組 (x, y) をすべて求めよ．

(お茶の水女子大)

考え方 これは分数式ですが，分母を払えば前問のタイプ $xy = px + py$ という，2次のディオファントス方程式です．

本問では文字が3つ出てきます．

 p は素数の定数， x, y は正の整数の未知数

です．「求めよ」だからといって，x, y, p が確定してしまうわけではありません．「x, y を p の式で表せ」ということです．数学者は，あまり「定数」「変数」「未知数」の区別を問題文に書きません．**読み分けることが実力**のうちです．

解答 $\dfrac{1}{x} + \dfrac{1}{y} = \dfrac{1}{p}$ の分母を払い

$$px + py = xy$$
$$xy - px - py = 0$$
$$(x-p)(y-p) = p^2$$

ここで $x > 0, y > 0$ だから，$\dfrac{1}{p} = \dfrac{1}{x} + \dfrac{1}{y} > \dfrac{1}{x}$ より

$$\dfrac{1}{p} > \dfrac{1}{x} \quad \therefore \quad x > p \quad \therefore \quad x - p > 0$$

である (☞注意1°)．同様に $y - p > 0$ である．p は素数だから

$$\begin{pmatrix} x-p \\ y-p \end{pmatrix} = \begin{pmatrix} 1 \\ p^2 \end{pmatrix}, \begin{pmatrix} p \\ p \end{pmatrix}, \begin{pmatrix} p^2 \\ 1 \end{pmatrix}$$

$$(x, y) = (p+1, p^2+p), (2p, 2p), (p^2+p, p+1)$$

注意 1° 【負の場合】$(x-p)(y-p) = p^2$ から，負の場合も考えると

$$\begin{pmatrix} x-p \\ y-p \end{pmatrix} = \begin{pmatrix} -1 \\ -p^2 \end{pmatrix}, \begin{pmatrix} -p \\ -p \end{pmatrix}, \begin{pmatrix} -p^2 \\ -1 \end{pmatrix}, \begin{pmatrix} 1 \\ p^2 \end{pmatrix}, \begin{pmatrix} p \\ p \end{pmatrix}, \begin{pmatrix} p^2 \\ 1 \end{pmatrix}$$

となります．もちろん，前者3つの場合は

$$\begin{pmatrix} x \\ y \end{pmatrix} = \begin{pmatrix} p-1 \\ p-p^2 \end{pmatrix}, \begin{pmatrix} 0 \\ 0 \end{pmatrix}, \begin{pmatrix} p-p^2 \\ p-1 \end{pmatrix}$$

となり，$p - p^2 < 0$ などにより，これらは不適です．結果的に不適だからといって，この場合について，答案で述べなくてよいかというと，そうではありません．注意力があるという，他者との違いを見せつけるのは，ここしかありません．

―〈存在証明のコツ〉―

問題 27 次の問いに答えよ.
(1) p を 2 とは異なる素数とする.$m^2 = n^2 + p^2$ を満たす自然数の組 (m, n) がただ 1 組存在することを証明せよ.
(2) $m^2 = n^2 + 12^2$ を満たす自然数の組 (m, n) をすべて求めよ.

(静岡大)

考え方 (1) 「p を 2 とは異なる素数とする」を読んだときの注意を以前に書きました.
生徒:「そんなこと,どこかに書いてありましたっけ?」
これだよ.書いている人は 100 の熱意を持って書くけれど,読者にはその熱き思いは 1 ほども届かず,仕掛けや構成を素通りし,困ったときだけ騒ぐ.教科書編 p.22,約数の個数の項目を見て下さい.「p を 2 とは異なる素数とする」を見たとき「p は 3 以上の奇数の素数ということをどこかで使うのだな」と思って読むのです.本書には,こうした仕掛けがあちこちにしてあります.
生徒:「変な執筆者ですね.熱き思いは,ときには暑苦しいです」

　生徒に解いてもらうと(2)は解けても(1)は手が出ない人がいます.原因は「存在を証明」だから,特別なことをしなければならないと思うためです.大学の数学科を出た高校教員に「高校数学では,存在を示す問題の多くは,求める問題と大差ない」と言うと,多くの先生が驚きます.大学の数学では,存在証明と,値を求める問題は,アプローチの方法が違うことが多いからです.第一手は求める問題と同じでも,最後に論証的な内容になる場合に,こうした問題文にすることが多いのです.今は「他に解がないことを示す」ことと「本当に整数になっていることを示す」に力を入れます.後者で「奇数の素数」が生きてきます.力の入れどころを察知してください.

Action▷ 存在証明は
　　　　　求める と思って解き始め

(2) 2 次のディオファントス方程式を解くときに,1 つのテクニックがあります.2 数の和と積が偶数であるときは,2 数の偶奇が一致することに着目して,不適な解が出てくる場合をあらかじめ排除しておくのです (☞注意1°).

解答　（1）　$m^2 - n^2 = p^2$

$$(m-n)(m+n) = p^2 \quad \cdots \cdots ①$$

m, n は自然数だから $m+n > 0$ である．①の右辺は正だから左辺も正．よって $m-n$ も正である．よって $m+n > m-n > 0$ である．p は素数だから

$$m - n = 1, \quad m + n = p^2$$

これを m, n について解いて

$$m = \frac{p^2 + 1}{2}, \quad n = \frac{p^2 - 1}{2} \quad \cdots \cdots ②$$

となる．ここで，p は 2 とは異なる素数だから p は 3 以上の奇数である．ゆえに $p^2+1,\ p^2-1$ は偶数になるから，②で定まる m, n は自然数である．自然数の組 (m, n) がただ 1 組存在する．

（2）　$(m-n)(m+n) = 2^4 \cdot 3^2 \quad \cdots \cdots ③$

$$(m-n) + (m+n) = 2m$$

$m-n,\ m+n$ の和は偶数だから $m-n$ と $m+n$ は偶奇が一致する（☞注意3°）．③より積が偶数だから $m-n$ と $m+n$ の少なくとも一方は偶数なので，両方とも偶数である．$2 \leq m-n < m+n$ より

$$\binom{m-n}{m+n} = \binom{2}{72},\ \binom{4}{36},\ \binom{6}{24},\ \binom{8}{18}$$

$$(m, n) = (37, 35),\ (20, 16),\ (15, 9),\ (13, 5)$$

!注意　1°【偶奇に着目しない場合】積が 144 の 2 数を全部書き並べると

$$\binom{m-n}{m+n} = \binom{1}{144},\ \binom{2}{72},\ \binom{3}{48},\ \binom{4}{36},\ \binom{6}{24},\ \binom{8}{18},\ \binom{9}{16}$$

となり，$m-n=1,\ m+n=144$ のときは $m = \dfrac{145}{2}$ で不適です．

2°【2 を振り分けておく】解答では，正の偶数が 2, 4, 6, 8, 10, 12, … なので比較的簡単に約数の振り分けができました．

　③をあらかじめ 2 で割っておくと少し考えやすい．$\dfrac{m-n}{2},\ \dfrac{m+n}{2}$ はともに正の整数である．③を 4 で割って　$\dfrac{m-n}{2} \cdot \dfrac{m+n}{2} = 2^2 \cdot 3^2$

$$\left(\frac{m-n}{2},\ \frac{m+n}{2}\right) = (1, 36),\ (2, 18),\ (3, 12),\ (4, 9)$$

3°【和が偶数のとき】偶数 + 偶数 = 偶数，奇数 + 奇数 = 偶数 です．

―――――〈係数の文字が1次のとき〉―――――

問題 28 2次方程式 $x^2 - kx + 4k = 0$（ただし k は整数）が2つの整数解をもつとする。整数 k はいくつあるか。

(自治医大・改題)

|考え方| （1） 原題は「整数 k の最小値を m とするとき，$|m|$ の値を求めよ」でした。他大学ではあまりこういう設問はないので，普通にしました。

2次方程式の係数に，文字が1次で入っていて，2解が整数解の問題は，解法が決まっています。

Action ▷ 　　**解と係数の関係の利用**

です。現行教科書では数学 II の範囲になります。

2次方程式 $ax^2 + bx + c = 0$ の解が α, β のとき

$$\alpha + \beta = -\frac{b}{a}, \quad \alpha\beta = \frac{c}{a}$$

が成り立ちます。なお，昔から「n 次方程式は重複度を含めて n 個の解をもつ」と言います。問題文の「2つの整数解」は「等しくてもよい」と解釈するのが伝統です。

|解答▷ 2解を α, β とする。解と係数の関係により

$$\alpha + \beta = k, \quad \alpha\beta = 4k$$

k を消去して

$$\alpha\beta = 4(\alpha + \beta) \quad \therefore \quad (\alpha - 4)(\beta - 4) = 16$$

$$\begin{pmatrix} \alpha - 4 \\ \beta - 4 \end{pmatrix} = \pm\begin{pmatrix} 1 \\ 16 \end{pmatrix}, \pm\begin{pmatrix} 2 \\ 8 \end{pmatrix}, \pm\begin{pmatrix} 4 \\ 4 \end{pmatrix}, \pm\begin{pmatrix} 8 \\ 2 \end{pmatrix}, \pm\begin{pmatrix} 16 \\ 1 \end{pmatrix}$$

最終的には $k = \alpha + \beta$ の値の個数を求めるから，上下の値の組合せが同じなら値も同じである。よって

$$\begin{pmatrix} \alpha - 4 \\ \beta - 4 \end{pmatrix} = \pm\begin{pmatrix} 1 \\ 16 \end{pmatrix}, \pm\begin{pmatrix} 2 \\ 8 \end{pmatrix}, \pm\begin{pmatrix} 4 \\ 4 \end{pmatrix}$$

について調べればよい。上の成分と下の成分を加え

$$\alpha + \beta - 8 = \pm 17, \pm 10, \pm 8$$

$$k - 8 = \pm 17, \pm 10, \pm 8 \quad \therefore \quad k = 8 \pm 17, 8 \pm 10, 8 \pm 8$$

k は $k = 25, -9, 18, -2, 16, 0$ の **6個**ある。

!注意 1° 【場合を減らす】これから注意と別解をいろいろ書きます．鬱陶しく感じる人は飛ばしてください．解答では $\begin{pmatrix}\alpha-4\\\beta-4\end{pmatrix}$ が全部で10組出てきて，鬱陶しく感じる人もいるでしょう？場合を減らしたいなら，解に大小設定をしておきます．次のように書きます．$\alpha \leqq \beta$ としても，$\beta \leqq \alpha$ としても結果が同じ場合に「$\alpha \leqq \beta$ としても一般性を失わない」といいます．

$\alpha \leqq \beta$ としても一般性を失わない．$\alpha-4 \leqq \beta-4$ だから

$$\begin{pmatrix}\alpha-4\\\beta-4\end{pmatrix}=\begin{pmatrix}1\\16\end{pmatrix}, \begin{pmatrix}2\\8\end{pmatrix}, \begin{pmatrix}4\\4\end{pmatrix}, \begin{pmatrix}-4\\-4\end{pmatrix}, \begin{pmatrix}-8\\-2\end{pmatrix}, \begin{pmatrix}-16\\-1\end{pmatrix}$$

$\alpha+\beta-8=17, 10, 8, -8, -10, -17$　（以下省略）

2° 【k について解く】解法が幾通りもあります．代表的なものを書きます．k は1次ですから，k について解くと，x の分数式で表されます．

Action▷ 分数式 分子の次数を 低くする

別解 整数 x に対して $k(x-4)=x^2$ が成り立つ．多項式の割り算（範囲は数学II）で，x^2 を $x-4$ で割ると，商は $x+4$，余りは 16 だから，

$$k=\frac{x^2}{x-4}=x+4+\frac{16}{x-4}=x-4+\frac{16}{x-4}+8$$

$$k-8=x-4+\frac{16}{x-4}$$

これが整数だから $x-4$ は 16 の約数で，

$x-4=\pm1, \pm2, \pm4, \pm8, \pm16$

各 $x-4$ に対して $k-8$ の値を求めると $x-4=\pm1, \pm2, \pm4, \pm8, \pm16$ のとき，順に

$k-8=\pm17, \pm10, \pm8, \pm10, \pm17$

となり，$k-8$ の取り得る値は

$k-8=\pm17, \pm10, \pm8$

k は $k=25, -9, 18, -2, 16, 0$ の **6個**ある．

なお $x^2-kx+4k=0$ の解を α, β とすると，解と係数の関係により $\alpha+\beta=k=$ 整数 だから，解の一方が整数ならば他方も整数になる．

注意 3° 【x について解く】上の別解は k を x で表しましたが，次の別解は x を k で表します．

別解 $x = \dfrac{k \pm \sqrt{k^2 - 16k}}{2}$ ……………………………………①

x が整数になるためには $\sqrt{k^2 - 16k}$ が 0 以上の整数にならなければならない．
$N = \sqrt{k^2 - 16k}$ とおく．N は $N \geqq 0$ の整数である．なお，k が偶数のとき $k^2 - 16k$ は偶数だから $\sqrt{k^2 - 16k}$ も偶数となり①より x は整数となる．k が奇数のとき $k^2 - 16k$ は奇数だから $\sqrt{k^2 - 16k}$ も奇数となり x は整数となる．

$$N^2 = (k-8)^2 - 64 \qquad \therefore \quad |k-8|^2 - N^2 = 64$$
$$(|k-8| - N)(|k-8| + N) = 64$$

$|k-8| + N > 0$ だから $|k-8| - N > 0$ であり，$0 < |k-8| - N \leqq |k-8| + N$ である．また

$$(|k-8| + N) + (|k-8| - N) = 2|k-8| = 偶数$$

だから $|k-8| + N$ と $|k-8| - N$ は偶奇が一致する．積が 64 で偶数だから両方とも偶数である．

$$\begin{pmatrix} |k-8| - N \\ |k-8| + N \end{pmatrix} = \begin{pmatrix} 2 \\ 32 \end{pmatrix}, \begin{pmatrix} 4 \\ 16 \end{pmatrix}, \begin{pmatrix} 8 \\ 8 \end{pmatrix}$$

$$\begin{pmatrix} |k-8| \\ N \end{pmatrix} = \begin{pmatrix} 17 \\ 15 \end{pmatrix}, \begin{pmatrix} 10 \\ 6 \end{pmatrix}, \begin{pmatrix} 8 \\ 0 \end{pmatrix}$$

$$k - 8 = \pm 17, \ \pm 10, \ \pm 8$$

k は $k = 25, -9, 18, -2, 16, 0$ の **6** 個ある．

注意 4° 【絶対値をつけた理由】上の別解では $(|k-8|^2 - N^2 = 64$ と絶対値をつけました．これを $(k-8)^2 - N^2 = 64$ にすると，次のように，負の数が出てきて途中の場合が少し多くなります．

$$(k - 8 - N)(k - 8 + N) = 64$$

$k - 8 - N \leqq k - 8 + N$ である．また

$$(k - 8 + N) + (k - 8 - N) = 2(k-8) = 偶数$$

だから $k - 8 + N$ と $k - 8 - N$ は両方とも偶数である．

$$\begin{pmatrix} k-8-N \\ k-8+N \end{pmatrix} = \begin{pmatrix} 2 \\ 32 \end{pmatrix}, \begin{pmatrix} 4 \\ 16 \end{pmatrix}, \begin{pmatrix} 8 \\ 8 \end{pmatrix}, \begin{pmatrix} -32 \\ -2 \end{pmatrix}, \begin{pmatrix} -16 \\ -4 \end{pmatrix}, \begin{pmatrix} -8 \\ -8 \end{pmatrix} \quad (以下略)$$

〈双曲型〉

問題 29 $n^2 + mn - 2m^2 - 7n - 2m + 25 = 0$ について次の問いに答えよ．
（1） n を m を用いて表せ．
（2） m, n は自然数とする．m, n を求めよ． (旭川医大)

考え方 （2）ルートの式を N として因数分解に持ち込みます．

解答 （1） $n^2 + (m-7)n - 2m^2 - 2m + 25 = 0$

$$n = \frac{-m+7 \pm \sqrt{D}}{2}$$

ただし

$$D = (m-7)^2 - 4(-2m^2 - 2m + 25) = 9m^2 - 6m - 51$$

$$n = \frac{-m+7 \pm \sqrt{9m^2 - 6m - 51}}{2}$$

（2） $N = \sqrt{9m^2 - 6m - 51}$ とおく．N は 0 以上の整数である．

$N^2 = (3m-1)^2 - 52$ ∴ $(3m-1)^2 - N^2 = 52$

$(3m-1-N)(3m-1+N) = 2^2 \cdot 13$

$(3m-1-N) + (3m-1+N) = 2(3m-1) =$ 偶数 だから
$3m-1-N$ と $3m-1+N$ は偶奇が一致し，積が偶数だから両方とも偶数である．
また $m \geq 1$, $N \geq 0$ だから $3m-1+N > 0$ である．よって $3m-1-N$ も正であり $0 < 3m-1-N \leq 3m-1+N$ だから

$3m - 1 - N = 2$ ……………………………………………①
$3m - 1 + N = 2 \cdot 13$ ……………………………………………②

これを解く．①+②，②−① より

$2(3m-1) = 28$, $2N = 24$ ∴ $m = 5$, $N = 12$

（1）の結果の式は $n = \dfrac{-m + 7 \pm N}{2}$ と書けるから，

$$n = \frac{-m+7 \pm N}{2} = \frac{2 \pm 12}{2} = 7, -5$$

$n > 0$ だから $\boldsymbol{m = 5, \; n = 7}$

!注意 1°【他の変形】指定された解法では，n を m で表しました．この方針もオーソドックスです．ただし，本問の方程式は次のように解く方法もあります．
与式は

$$(n + 2m - 4)(n - m - 3) = -13$$

と変形できます．このように変形する最もオーソドックスな手順は「たすき掛け」を使うものです．たすき掛けは何度か組合せを変えて試す試行錯誤が必要です．私のように神に見放された幸薄い人間はなかなか当たらず，好きではありません．私は次のようにします．

まず $n^2 + mn - 2m^2$ を使って $(n+2m)(n-m)$ とします．次に m, n の1次の項を無視して（定数項は考慮して），ひとまず

$$(n+2m+a)(n-m+b) = ab - 25$$

とします．これを展開して，m, n の1次の項

$$a(n-m) + b(n+2m) = (a+b)n + (-a+2b)m$$

が $-7n - 2m$ になるようにします．

$$a+b = -7, \ -a+2b = -2$$

これを解くと $a = -4, b = -3$ となります．よって

$$(n+2m-4)(n-m-3) = 12 - 25$$
$$(n+2m-4)(n-m-3) = -13$$

を得ます．

$$(n+2m-4) - (n-m-3) = 3m - 1 > 0$$
$$\therefore \ n+2m-4 > n-m-3$$

だから $\begin{pmatrix} n+2m-4 \\ n-m-3 \end{pmatrix} = \begin{pmatrix} 13 \\ -1 \end{pmatrix}, \begin{pmatrix} 1 \\ -13 \end{pmatrix}$

これを解くと $(m, n) = (5, 7), (5, -5)$ を得ます．

2° 【曲線】曲線 $(y+2x-4)(y-x-3) = -13$ は双曲線と呼ばれる曲線で，図のように格子点が乗っています．ここはお話なので，曲線がこうなる理由はどうでもよろしい．コンピュータで描けばこうなると，通り過ぎてください．（1）の答え $n = \dfrac{-m+7 \pm \sqrt{9m^2 - 6m - 51}}{2}$ で，$9m^2 - 6m - 51$ の2次の係数は正だから $9m^2 - 6m - 51 \geqq 0$ を解くと $m \leqq c, \ m \geqq d$ の形になります．絶対値が大きな m がこれを満たし，限りがありません．**2次の係数が正**が双曲型の特徴です．

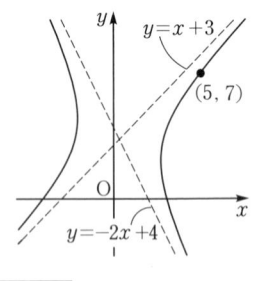

〈楕円型〉

問題 30 x, y がともに整数で，$x^2 - 2xy + 3y^2 - 2x - 8y + 13 = 0$ を満たすとき，(x, y) を求めよ． (西南学院大)

考え方 「x を y の式で表す」または「y を x の式で表す」という方針です．後者でやると分母があるので，前者でやります．

解答 $x^2 - 2(y+1)x + 3y^2 - 8y + 13 = 0$ から x について解くと

$$x = y + 1 \pm \sqrt{-2y^2 + 10y - 12}$$

$$x = y + 1 \pm \sqrt{-2(y-2)(y-3)} \quad \cdots\cdots ①$$

実数条件から $-2(y-2)(y-3) \geqq 0$ $\cdots\cdots ②$

$2 \leqq y \leqq 3$ $\quad \therefore \quad y = 2, 3$

① に代入し $y = 2$ のとき $x = 3$，$y = 3$ のとき $x = 4$

$$(x, y) = (3, 2), (4, 3)$$

注意 1° 【y について解くと】$3y^2 - 2(x+4)y + x^2 - 2x + 13 = 0$

$$y = \frac{x + 4 \pm \sqrt{-2x^2 + 14x - 23}}{3} \quad \cdots\cdots ③$$

$-2x^2 + 14x - 23 \geqq 0$ より $2x^2 - 14x + 23 \leqq 0$ となり，これを解くと

$$\frac{7 - \sqrt{3}}{2} \leqq x \leqq \frac{7 + \sqrt{3}}{2} \quad \cdots\cdots ④$$

$\sqrt{3} = 1.73\cdots$ で近似値計算をすると $\dfrac{5.2\cdots}{2} \leqq x \leqq \dfrac{8.7\cdots}{2}$

x は整数だから $x = 3, 4$ です．これを ③ に代入し，整数になる y を求めると答えを得ます．

2° 【曲線】曲線 $x^2 - 2xy + 3y^2 - 2x - 8y + 13 = 0$ を図示すると図のようになり，これは楕円という曲線です．ここはお話なので，曲線がこうなる理由はどうでもよろしい．コンピュータでグラフを描くとこうなると通り過ぎてください．楕円の場合は，$a \leqq x \leqq b$ や $c \leqq y \leqq d$ の形で曲線上の x 座標や y 座標には左右の限界があります．①，③ で，ルートの中の **2 次の係数が負** だからこうなります．これが楕円型の特徴です．この流れを覚えてください．

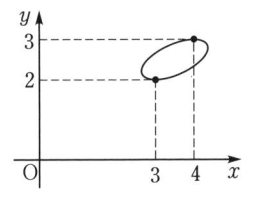

〈不等式で挟む〉

問題 31 $x+y+z=xyz$ ($x \leqq y \leqq z$) をみたす自然数 (x, y, z) を求めなさい．

（武蔵野美大）

考え方 2変数のディオファントス方程式（多項式＝0のタイプの方程式）では等式の変形で求められました．3変数のときにも同じように行くと思う人が多いのですが，うまくいきません（もちろん例外はあります）．経験のない生徒に本問を解かせると，いつまでも等式の変形をして，そのうち諦めるのです．

Action ▷ 3変数以上は不等式で挟む

不等式の作り方？ 慣れてください (x_x)☆\(^^;)ポカ　指針としては
（ア）与式の左右の次数が違っていれば，左右の次数の高い方を残して低い方で不等式を作る
（イ）「変数＝定数」の形ならば変数の方で不等式を作る．

解答 ▷ $x \leqq y \leqq z$ より $x+y+z \leqq 3z$ である．よって

$xyz = x+y+z \leqq 3z$ 　∴ 　$xyz \leqq 3z$ ……………①

①の両辺を z で割って $xy \leqq 3$ となる．
$x = 1$ のときは $y = 1, 2, 3$
$x \geqq 2$ のときは，$2 \leqq x \leqq y$ より $xy \geqq 4$ だから①を満たさない．
　$(x, y) = (1, 1)$ のとき $x+y+z = xyz$ に代入し，$2+z = z$ で成立しない．
　$(x, y) = (1, 2)$ のとき $3+z = 2z$　∴ 　$z = 3$
　$(x, y) = (1, 3)$ のとき $4+z = 3z$ より $z = 2$ となるが，$x \leqq y \leqq z$ に反し，不適．
　以上から $(x, y, z) = (1, 2, 3)$

注意　【唯一の例外】私の経験上，3変数なのに等式の変形で解けた入試問題は次の問題だけです．ただしこれは(1)で(2)は上の問題がついていました．

$xyz + x + y + z = xy + yz + zx + 5$, $0 < x \leqq y \leqq z$ を満たす整数 x, y, z をすべて求めよ．

（同志社大・経）

$(x-1)(y-1)(z-1) = 4$ になり，答えは $(x, y, z) = (2, 2, 5), (2, 3, 3)$

〈不等式で挟む〉

問題 32 x, y, z は異なる自然数で，$\dfrac{1}{x} + \dfrac{1}{y} + \dfrac{1}{z} = 1$ を満たすものとする．$x + y + z$ の値を求めよ．

（類・神戸薬科大）

考え方 原題には $x < y < z$ という不等式がついて「x, y, z を求めよ」になっていましたが，これがあったのでは訓練にならないので問題文を変更しました．$\dfrac{1}{x} + \dfrac{1}{y} + \dfrac{1}{z} = 1$ と $x + y + z$ は x, y, z に関して対称です．対称とは「どの2文字を入れ換えても全体として変わらない」という意味です．対称性がある方程式は「対称性を保つか，崩すか」を選択します．後者における重要な定石があります．

Action▷ 　対称性を崩すときは大小設定をせよ

$x < y < z$ で考察すれば，他の大小関係のときは文字の入れ替えだけになる場合を「$x < y < z$ としても一般性を失わない」といいます．「一般性を失わない」という表現，格好いいと思いませんか？ 学問の門前に立っている雰囲気がします．

$x < y < z$ という大小関係こそが，解法の手がかりです．この大小関係がないと解けません．これを利用して1文字の値の範囲を絞って決定します．1文字が決まれば残るは2文字で，既に学んだ形になり，因数分解で解けます．

解答▷ x, y, z は異なる自然数であるから $x < y < z$ としても一般性を失わない．このとき

$$\dfrac{1}{x} > \dfrac{1}{y} > \dfrac{1}{z}$$

$$\dfrac{1}{x} \cdot 3 > \dfrac{1}{x} + \dfrac{1}{y} + \dfrac{1}{z} > \dfrac{1}{z} \cdot 3 \quad \cdots\cdots ①$$

ここで

$$\dfrac{1}{x} + \dfrac{1}{y} + \dfrac{1}{z} = 1 \quad \cdots\cdots ②$$

だから ① より

$$\dfrac{1}{x} \cdot 3 > 1 > \dfrac{1}{z} \cdot 3 \quad \cdots\cdots ③$$

$\dfrac{1}{x} \cdot 3 > 1$ より $3 > x$ となり，x は自然数だから $3 > x \geq 1$

よって $x = 1$ または 2 である．$x = 1$ のとき，$y > 0, z > 0$ だから ② は成立しな

い．よって $x=2$ であり，②に代入すると
$$\frac{1}{y}+\frac{1}{z}=\frac{1}{2}$$
となる．分母を払って整理すると
$$yz-2y-2z=0 \quad \therefore \quad (y-2)(z-2)=4 \quad \cdots\cdots\cdots\cdots\cdots\cdots\text{④}$$
$x<y<z$ より $2<y<z$ だから $0<y-2<z-2$

④より $y-2=1,\ z-2=4 \quad \therefore \quad y=3,\ z=6$

よって $x=2,\ y=3,\ z=6$ だから $\boldsymbol{x+y+z=11}$

!注意 1°【文字に弱い人は】初めてこの解法を見たときに，違和感を感じる人も少なくありません．

なぜなら，主要部分は，**自分で不等式を作っていく**ことにあるからです．等式の変形は安心感がありますが，不等式は変形の方向性が不安定に思えて，不安を感じるのです．実は，不等式の作り方も決まっています．不安定の中の安定です．「全体の流れを覚え，1つ1つの変形に慣れていく」しかありません．

最初は $x<y<z$ から $\frac{1}{x}>\frac{1}{y}>\frac{1}{z}$ と作りました．大昔，初めてこれを読んだ安田少年はピンときませんでした．$3<4<5$ のとき $\frac{1}{3}>\frac{1}{4}>\frac{1}{5}$ だと納得し，これを文字に置き換えればいいと理解しました．文字式でしっくりこないときには，具体的な数値で確認し，納得したら文字に戻しましょう．

「正の数の逆数を取ると不等号が逆になる」と覚えて，以後は自動的に書くようにします．

「ひどく基本的なことから説明するんだな」と呆気に取られる人もいるでしょう．ごめんなさい．馬鹿な安田少年にもわかるように説明しています．こんなお馬鹿な安田君でも，東大に合格したのです．寛容の心でお付き合いください．

2°【評価する】実は，①式を書くと「これ，何をやっているのですか？」と聞く人がいます．$a=\frac{1}{x},\ b=\frac{1}{y},\ c=\frac{1}{z}$ とおきましょう．$a>b>c$ です．大，中，小と，3つの数があるとき，これらを1つずつ加えた数は，大3つ分より小さく，小3つ分より大きいので，$3a>a+b+c>3c$ です．このように，あれよりこっちの方が大きいとか，こっちの方が小さいとか，大小を比べていくことを「評価する」といいます．変な日本語ですが estimate の直訳で数学用語です．

3°【上から押さえる】③で，$1>\frac{1}{z}\cdot 3$ から $z>3$ が得られます．このとき $z=4, 5, 6, \cdots$ となり，これを満たす z は無数にあり，あまり役に立ちません．

$z > 3$ のような不等式を作ることを「下から押さえる」といいます．それに対し，$x < 3$ のような不等式を作ることを「上から押さえる」といい，上から押さえると，自然数の場合は有限になるので大変有用です．

4°【他の大小の場合】$x < y < z$ のときは $x = 2$, $y = 3$, $z = 6$ となりました．$y < z < x$ のときには $y = 2$, $z = 3$, $x = 6$ となります．このように，文字の入れ替えだけですべての (x, y, z) が得られ，(x, y, z) は全部で
$(x, y, z) = (2, 3, 6)$, $(2, 6, 3)$, $(3, 2, 6)$, $(3, 6, 2)$, $(6, 2, 3)$, $(6, 3, 2)$
の 6 通りあります．

5°【どんどん調べた解答】不等式の評価をしたくないのなら，どんどん調べても解けます．ただし，大小設定は必要です．その解答を次に書きましょう．

別解 $x < y < z$ としても一般性は失わない．
$$\frac{1}{x} + \frac{1}{y} + \frac{1}{z} = 1 \quad \cdots\cdots ①$$
(a) $x = 1$ のとき ① に代入すると成立しない．
(b) $x = 2$ のとき．① に代入して
$$\frac{1}{y} + \frac{1}{z} = \frac{1}{2}$$
となる．分母を払って整理すると
$$yz - 2y - 2z = 0 \quad \therefore \quad (y-2)(z-2) = 4 \quad \cdots\cdots ②$$
$x < y < z$ より $2 < y < z$ だから $0 < y - 2 < z - 2$
② より $y - 2 = 1$, $z - 2 = 4$ $\quad \therefore \quad y = 3$, $z = 6$
(c) $x \geqq 3$ のとき．$3 \leqq x < y < z$
$$\frac{1}{3} \geqq \frac{1}{x} > \frac{1}{y} > \frac{1}{z}$$
$$\frac{1}{x} + \frac{1}{y} + \frac{1}{z} < \frac{1}{3} + \frac{1}{3} + \frac{1}{3} = 1$$
だから ① を満たさない．

以上から $x = 2$, $y = 3$, $z = 6$ $\quad \therefore \quad \boldsymbol{x + y + z = 11}$

!注意 6°【調べるときは下から】挟むときは上から押さえました．しかし，値を決めて調べるときは下から調べていきます．つまり $x < y < z$ の x の値を $x = 1$ のとき，$x = 2$ のとき，$x = 3$ のとき……と調べます．x が大きいと y, z も大きくなり $\frac{1}{x} + \frac{1}{y} + \frac{1}{z}$ が小さくなって，1 に負けてしまうからです．その負けてしまうギリギリのところが $x = 3$ です．

―〈不等式で挟む〉―

問題 33 $0 < x < y < z$ を満たす3つの数 x, y, z がある．そのうちの任意の2つの数の和は，残りの数の整数倍に等しいという．
（1）z を x と y で表せ．
（2）$x : y : z$ を求めよ． (宮城大)

考え方 第一印象は「簡単そうな問題」ですが，ところがどっこい，苦労する人が多い．中学に入ったときに「必要な文字をおいて題意を式に表し，計算で処理する」と習い，便利さに感動したはずです．「整数倍」の整数を文字でおきます．
$$x + y = kz, \ x + z = ly, \ y + z = mx$$
とおいて，k, l, m について解き，範囲を絞ります．
$$k = \frac{x+y}{z}, \ l = \frac{x+z}{y}, \ m = \frac{y+z}{x}$$
のうちの $k = \dfrac{x+y}{z}$ から手をつけます．分母が大きいと，分数の値の範囲が狭く，確定しやすいからです．なお，x, y, z は整数とは限りません．また，結果的に $y + z = mx$ の m は使いません．

Action▷ 必要な文字を定めてそれを解け

解答▷ （1）$x + y = kz$（k は自然数）とおけて $0 < x < y < z$ より
$$k = \frac{x+y}{z} < \frac{z+z}{z} = 2 \quad \therefore \quad 1 \leq k < 2$$
k は自然数だから $k = 1$ $\quad \therefore \quad \boldsymbol{z = x + y}$
（2）$z + x = ly$（l は自然数）とおける．$z = x + y$ だから
$$l = \frac{x+z}{y} = \frac{x+x+y}{y} = \frac{2x+y}{y} \quad \cdots\cdots\text{①}$$
$x < y$ より $y < 2x + y < 3y$
$$1 < \frac{2x+y}{y} < 3 \quad \therefore \quad 1 < l < 3$$
よって $l = 2$ である．①より
$$2 = \frac{2x+y}{y} \quad \therefore \quad 2y = 2x + y \quad \therefore \quad y = 2x$$
よって $z = x + y = 3x$ となる．$y + z = 5x$ となり，x の整数倍だから適する．
$$\boldsymbol{x : y : z = 1 : 2 : 3}$$

―――――― 〈7 の倍数になる証明〉 ――――――

問題 34 すべての正の整数 n に対して，$3^{3n-2} + 5^{3n-1}$ が 7 の倍数になることを証明せよ． (弘前大)

考え方 教科書編で，余りを求めるいくつかの手段を解説しました．合同式，二項展開が大きな柱です．

$3^{3n-2} + 5^{3n-1}$ を $Ax^{n-1} + By^{n-1}$ の形にします．

最初は合同式を用いた解法を示します．数学 A の範囲にするためです．

別解として，二項展開を用いた解法を示します．以下，文字は自然数として，$(7k+r)^n$ を二項展開すると，7 の掛かっている項は 7 の倍数になるので，$7N + r^n$ の形になります．

【二項展開の公式】

$$(a+b)^n = a^n + {}_nC_{n-1}a^{n-1}b + \cdots + {}_nC_k a^k b^{n-k} + \cdots + {}_nC_1 ab^{n-1} + b^n$$

解答 $3^{3n-2} + 5^{3n-1} = 3(3^3)^{n-1} + 5^2(5^3)^{n-1}$

$= 3(27)^{n-1} + 25(125)^{n-1}$

$= 3(7 \cdot 3 + 6)^{n-1} + 25(7 \cdot 17 + 6)^{n-1}$

$\equiv 3 \cdot 6^{n-1} + 25 \cdot 6^{n-1} \pmod{7}$

$\equiv 28 \cdot 6^{n-1} \pmod{7}$

$\equiv 0 \pmod{7}$

よって証明された．

別解 $x_n = 3^{3n-2} + 5^{3n-1}$ とおく．

$x_n = 3(3^3)^{n-1} + 5^2(5^3)^{n-1} = 3(27)^{n-1} + 25(125)^{n-1}$

$= 3(7 \cdot 3 + 6)^{n-1} + 25(7 \cdot 17 + 6)^{n-1}$

となる．これを二項展開すると，N, M を整数として

$$x_n = 3(7N + 6^{n-1}) + 25(7M + 6^{n-1})$$

の形となる．

$$x_n = 7(3N + 25M) + 28 \cdot 6^{n-1} = 7(3N + 25M + 4 \cdot 6^{n-1})$$

となり，x_n は 7 の倍数である．

!注意 **【数学的帰納法】** 合同式が高校に入ってくる前は，本問を数学的帰納法（数学 B）で証明するというのが 1 つのパターンでした．合同式の方が単純な

ので，全国的には，この解法は主流から外れるでしょう．ただし，高校の先生によっては帰納法の方が好みの方もおられるでしょうから，一応書いておきます．数学的帰納法を学んでいない人は無視してください．

別解 $x_n = 3^{3n-2} + 5^{3n-1}$ とおく．

$$x_n = 3(3^3)^{n-1} + 5^2(5^3)^{n-1} = 3(27)^{n-1} + 25(125)^{n-1}$$

$n = 1$ のとき，

$$x_1 = 3 + 25 = 28$$

は7の倍数だから $n = 1$ のとき成り立つ．

$n = k$ のとき成り立つとする．

$$x_k = 3(27)^{k-1} + 25(125)^{k-1} \quad \cdots\cdots\cdots ①$$

は7の倍数である．

$$x_{k+1} = 27 \cdot 3(27)^{k-1} + 125 \cdot 25(125)^{k-1} \quad \cdots\cdots\cdots ②$$

①，②から $(125)^{k-1}$ を消去する．② $-$ ① $\times 125$ より

$$x_{k+1} - 125 x_k = 3(27)^{k-1}(27 - 125)$$

$$x_{k+1} = 125 x_k - 3(27)^{k-1} \cdot 7 \cdot 14$$

x_k は7の倍数だから右辺は7の倍数である．よって x_{k+1} は7の倍数であり，$n = k+1$ のときも成り立つ．ゆえに数学的帰納法により証明された．

〈剰余による分類〉

問題 35 （1） n を自然数とする．$n, n+2, n+4$ がすべて素数であるのは $n=3$ の場合だけであることを示せ． (早大・政経)

（2） $q, 2q+1, 4q-1, 6q-1, 8q+1$ がいずれも素数であるような q をすべて求めよ． (一橋大・後期)

考え方 素数の現れ方は不規則で，n 番目の素数 $f(n)$ を n の式で簡単に表す公式はないため，真正面からぶつかったら解けません．与えられている式の個数以下の数を法として，3 で割った剰余，5 で割った剰余などで分類します．

解答 （1） $n=1$ のとき，n が素数でない．
$n=2$ のとき，$n+2=4$ が素数でない．
$n=3$ のとき，$n, n+2, n+4$ は順に 3, 5, 7 となり，すべて素数である．
以下は $n \geqq 4$ のときを調べる．
（ア） n が 3 の倍数のときは $n=3k$（k は 2 以上の自然数）とおけて，n が素数ではない．
（イ） n が 3 で割って余りが 1 のとき，$n=3k+1$（k は自然数とする）とおくと $n+2=3k+3=3(k+1)$ が素数ではない．
（ウ） n が 3 で割って余りが 2 のとき，$n=3k+2$（k は自然数とする）とおくと $n+4=3k+6=3(k+2)$ が素数ではない．

よって $n, n+2, n+4$ がすべて素数であるのは $n=3$ の場合だけである．

（2） q が素数になる場合を調べるから q は 2 以上の整数として調べる．
$q=2$ のとき，5 数は 2, 5, 7, 11, 17 ですべて素数で適す．
$q=3$ のとき，5 数は 3, 7, 11, 17, 25 となり，25 が不適である．
$q=4$ のとき，q が素数でないから不適．
$q=5$ のとき，5 数は 5, 11, 19, 29, 41 ですべて素数で適す．
以下は $q \geqq 6$ の場合を調べる．k は自然数とする．
（ア） q が 5 の倍数のとき，q が 5 の 2 倍以上だから素数でなく，不適．
（イ） $q=5k+1$ の形のとき，$6q-1=5(6k+1)$ は素数でなく，不適．
（ウ） $q=5k+2$ の形のとき，$2q+1=5(2k+1)$ は素数でなく，不適．
（エ） $q=5k+3$ の形のとき，$8q+1=5(8k+5)$ は素数でなく，不適．
（オ） $q=5k+4$ の形のとき，$4q-1=5(4k+3)$ は素数でなく，不適．

以上から求める q は $\boldsymbol{q=2, 5}$

〈二項展開の応用〉

問題 36 （1） 2010^{2010} を 2009^2 で割った余りを求めよ． （琉球大）
（2） p は素数，n は自然数とする．$f(n) = n^p - n$ とおく．
$f(n+1) - f(n)$ は p の倍数であることを示せ．

考え方 【二項展開の公式】
$$(a+b)^n = a^n + {}_nC_{n-1}a^{n-1}b + \cdots + {}_nC_k a^k b^{n-k} + \cdots + {}_nC_1 ab^{n-1} + b^n$$

解答 （1） $x = 2009$ とおく．n が 2 以上の自然数のとき，二項展開して
$$(x+1)^n = x^n + \cdots + {}_nC_2 x^2 + {}_nC_1 x + 1$$
となる．$x^n + \cdots + {}_nC_2 x^2$ は x^2 の倍数なので，これを Nx^2（N は自然数）とおくと
$$(x+1)^n = Nx^2 + nx + 1$$
となる．特に $n = 2010$ とおくと $(x+1)^{2010} = Nx^2 + 2010x + 1$ となる．
$2010 = x + 1$ だから
$$(x+1)^{2010} = Nx^2 + (x+1)x + 1 = (N+1)x^2 + x + 1$$
$(x+1)^{2010}$ を $x^2 = 2009^2$ で割ったときの余りは $x + 1 = \mathbf{2010}$ である．

（2） $f(n+1) = (n+1)^p - (n+1)$
$$= \left(n^p + \sum_{k=1}^{p-1} {}_pC_k n^k + 1 \right) - (n+1)$$
$$f(n+1) - f(n) = \sum_{k=1}^{p-1} {}_pC_k n^k$$

ここで $1 \leq k \leq p - 1$ のとき，
$$_pC_k = \frac{p(p-1)\cdots(p-k+1)}{k(k-1)\cdots 1}$$
において，p は素数であり，分母の $k, k-1, \cdots, 1$ はすべて p より小さい自然数だから分子の p は**約分されないで残る**（この言葉が重要！）．よって ${}_pC_k$ は p の倍数である．ゆえに $f(n+1) - f(n)$ は p の倍数である．

注意 【フェルマーの小定理】$f(1) = 0$ は p の倍数で $f(1), f(2), f(3), \cdots$ の差が常に p の倍数だから，任意の自然数 n に対して $f(n)$ は p の倍数である．特に a が p の倍数でない自然数のとき $f(a) = a^p - a = a(a^{p-1} - 1)$ が p の倍数だから $a^{p-1} - 1$ が p の倍数である．ゆえに $a^{p-1} \equiv 1 \pmod{p}$

実戦問題・中級編・解答

〈有理数の論証〉

問題 37 4次方程式の解について次の問いに答えよ．

(1) a, b, c, d は整数で $d \neq 0$ とする．方程式
$$x^4 + ax^3 + bx^2 + cx + d = 0$$
が有理数の解 r をもつとき，r は整数であり，d の約数に限ることを証明せよ．

(2) 次の方程式 $2x^4 - 2x - 1 = 0$ の実数解はすべて無理数であることを証明せよ．

(長崎大・医)

考え方 ratio は「比」で，有理数 (rational number) の本来の意味は「整数比で表された数」です．比 $p:q$ に対して $\dfrac{p}{q}$ を比の値といいます．rational の訳語「合理的な」を採用して有理数と訳したのは誤訳，またはダジャレです．

有理数の問題が出てきたら $\dfrac{p}{q}$ と表して考えます．ただし p, q は互いに素な整数で $q \geq 1$ とします．英語では分子から読むので，海外では分子を p とします．$0 = \dfrac{0}{1}, 2 = \dfrac{2}{1}$ のように整数は分母を 1 と考えます．さらに負の数も考えるので，$-\dfrac{3}{2} = \dfrac{-3}{2}$ と分母は正にして，分子に符号を含めます．

次の定理は重要です．

【定理】整数係数の n 次の多項式
$$f(x) = a_n x^n + \cdots\cdots + a_1 x + a_0$$
について，方程式 $f(x) = 0$ が有理数 $\dfrac{p}{q}$ を解にもつならば分子 p は定数項 a_0 の約数で分母 q は n 次の係数 a_n の約数である．特に $a_n = 1$ のときは方程式 $f(x) = 0$ が整数解 a をもつならば a は a_0 の約数である．

(1) は $x = \dfrac{p}{q}$ を代入しますが，このとき，分母を少し残すとスッキリ書けます．言い伝え「カマキリが高い所に卵を産むとその冬は雪が多い」のように「有理数と多項式の論証は分母を少し残せ」と，私が読んだ参考書に載っていました．いつの間にやら長老の言い伝えは失われ，全部分母を払う人が多いのが現状です．

Action ▷ 有理数と多項式の論証は分母残して論じよう

解答 （1）$r = \dfrac{p}{q}$ とおく．ただし p, q は互いに素な整数で $q \geqq 1$ とする．これを
$$x^4 + ax^3 + bx^2 + cx + d = 0$$
に代入し
$$\dfrac{p^4}{q^4} + a \cdot \dfrac{p^3}{q^3} + b \cdot \dfrac{p^2}{q^2} + c \cdot \dfrac{p}{q} + d = 0 \quad \cdots\cdots ①$$
q^3 を掛けて
$$\dfrac{p^4}{q} + ap^3 + bp^2 q + cpq^2 + dq^3 = 0$$
$$\dfrac{p^4}{q} = -(ap^3 + bp^2 q + cpq^2 + dq^3)$$
右辺は整数だから左辺も整数．分母の q は約分されるが，p と q は互いに素だから $q=1$ である．よって $r=p$ となり r は整数である．

① に $q=1$ を代入し
$$p^4 + ap^3 + bp^2 + cp + d = 0$$
$$d = p(-p^3 - ap^2 - bp - c)$$
よって $p(=r)$ は d の約数である．

（2）背理法で証明する．$2x^4 - 2x - 1 = 0$ が有理数の解を持つと仮定する．$x = \dfrac{p}{q}$ とおく．ただし p, q は互いに素な整数で $q \geqq 1$ とする．これを
$$2x^4 - 2x - 1 = 0$$
に代入し
$$\dfrac{2p^4}{q^4} - 2 \cdot \dfrac{p}{q} - 1 = 0 \quad \cdots\cdots ②$$
q を掛けて
$$\dfrac{2p^4}{q^3} - 2p - q = 0 \qquad \therefore \quad \dfrac{2p^4}{q^3} = 2p + q$$
右辺は整数だから左辺も整数である．分母の q^3 は約分されるが，p, q は互いに素な整数だから $q=1$ または $q=2$ である．

$q=2$ だとすると
$$\dfrac{p^4}{4} = 2p + 2 \quad \cdots\cdots ③$$
となる．このとき p は $q=2$ と互いに素だから p は奇数であり，③ の右辺は整数，左辺は整数にならず矛盾する．

よって $q=1$ であり，② より
$$2p^4 - 2p - 1 = 0 \qquad \therefore \quad 2(p^4 - p) = 1$$
左辺は偶数，右辺は奇数で，矛盾する．ゆえに $2x^4 - 2x - 1 = 0$ の実数解は無理数である．

注意 1°【しつこく説明する】(1) の
$$\frac{p^4}{q} = -(ap^3 + bp^2q + cpq^2 + dq^3)$$
で，もし，$q \geqq 2$ だと仮定すると，q の持っている素因数は p にはないので左辺は整数にならない．

2°【全部分母を払うと】① で全部分母を払うと
$$p^4 + ap^3q + bp^2q^2 + cpq^3 + dq^4 = 0$$
$$p^4 = q(-ap^3 - bp^2q - cpq^2 - dq^3)$$
右辺は q の倍数である．p と q は互いに素だから $q=1$ と言ってもよいですが，もう少し丁寧に言うと次のようになります．証明は，自分にとって迷いなく，スッキリ胸に落ちるように書きましょう．そのために，私は背理法を多用します．

$q \geqq 2$ だと仮定すると q は素因数を持つ．その１つを s とすると，右辺は s の倍数だから左辺も s の倍数である．よって p も s の倍数である．p と q がともに s の倍数になり矛盾する．よって $q=1$ である．

3°【変数変換】このままでは (2) は (1) と直接の関係はなくなってしまいます．出題者は，おそらく次のように変数変換をしているのでしょう．

別解 (2) $2x^4 - 2x - 1 = 0$ の解は 0 でないから，x^4 で割って
$$2 - 2 \cdot \frac{1}{x^3} - \frac{1}{x^4} = 0 \qquad \therefore \quad \frac{1}{x^4} + 2 \cdot \frac{1}{x^3} - 2 = 0$$
$\frac{1}{x} = y$ とおくと
$$y^4 + 2y^3 - 2 = 0$$
x が有理数だと仮定すると y も有理数であり，(1) より y は整数であり，それは 2 の約数である．$y = \pm 1, \pm 2$ のいずれかとなるが，$y = \pm 1, \pm 2$ を代入しても $y^4 + 2y^3 - 2 = 0$ にならないから矛盾する．ゆえに $2x^4 - 2x - 1 = 0$ の実数解は無理数である．

⟨素数が無限にあることの証明⟩

問題 38 次の問に答えよ．
（1） 5以上の素数は，ある自然数 n を用いて $6n+1$ または $6n-1$ の形で表されることを示せ．
（2） N を自然数とする．$6N-1$ は $6n-1$（n は自然数）の形で表される素数を約数にもつことを示せ．
（3） $6n-1$（n は自然数）の形で表される素数は無限に多く存在することを示せ．

（千葉大）

考え方 （3）「素数が無限に存在する」というユークリッドの証明が本書の22ページに書いてあります．その方法を思い出さないと解けません．

解答 （1） 5以上の整数は

$$6n-1,\ 6n,\ 6n+1,\ 6n+2,\ 6n+3,\ 6n+4$$

で $n=1,\ 2,\ 3,\ \cdots$ として得られる．5以上の素数は奇数だから

$$6n-1,\ 6n+1,\ 6n+3$$

のいずれかの形で表される．$6n+3$ は $3(2n+1)$ より素数でないから，5以上の素数は $6n-1$ または $6n+1$ の形で表される．

（2） $6N-1$ は2の倍数でも3の倍数でもないから $6N-1$ の素因数は5以上である．よって $6N-1$ の素因数は $6n-1$ または $6n+1$ の形で表される．

背理法で証明する．$6N-1$ が $6n-1$ 型の素因数を持たないと仮定する．すると $6N-1$ の素因数は $6n+1$ 型だけになる．

$$6N-1 = (6n_1+1)(6n_2+1)\cdots(6n_k+1) \quad \cdots\cdots\cdots\cdots① $$

とおける．①の右辺を展開すると $6L+1$（L は整数）の形になる．①の右辺は6で割って余りが1，①の左辺は6で割って余りが5で，矛盾する．よって $6N-1$ は $6n-1$（n は自然数）の形で表される素数を約数に持つ．

（3） $6n-1$（n は自然数）の形で表される素数が有限個だけ存在すると仮定する．それらを小さい順に $m_1,\ m_2,\ \cdots,\ m_k$ とし，

$$m_1 = 6n_1-1,\ m_2 = 6n_2-1,\ \cdots,\ m_k = 6n_k-1$$

とおく．ここで

$$M = 6m_1 m_2 \cdots m_k - 1$$

とおくと，M は $6N-1$ 型であり $m_1,\ m_2,\ \cdots,\ m_k$ のいずれでも割り切れない．これは(2)に矛盾する．

⟨2次方程式と整数⟩

問題 39 p, q を整数とする.2次方程式 $x^2+px+q=0$ が異なる2つの実数解 α, β ($\alpha<\beta$) を持ち,区間 $[\alpha, \beta]$ にはちょうど2つの整数が含まれるとする.α が整数でないとき,$\beta-\alpha$ の値を求めよ.　　（山口大・理,医）

考え方　本問には2つの要素「2次方程式の問題」と「係数が整数」があります.主役は2次方程式で,そこに整数が関わっています.グラフを描きますが,$y=x^2+px+q$ のグラフは困ります.2文字 p, q を含んでいるからです.

Action ▷　　文字定数は分離せよ

与式を $-x^2-px=q$ と変形し,p を定数と考え $y=-x^2-px$ と $y=q$ の交点を考えましょう.曲線 $y=-x^2-px$ は固定,直線 $y=q$ を上下動させます.

解答 ▷　$-x^2-px=q$ である.$f(x)=-x^2-px$ とおく.曲線 $C: y=f(x)$ と直線 $y=q$ の交点を考える.C の軸の位置は $x=-\dfrac{p}{2}$ である.

(ア) p が偶数のとき.$-\dfrac{p}{2}$ が整数だから $\alpha \leqq x \leqq \beta$ に含まれる整数の個数は奇数になり,不適（図1で黒丸の個数に注意.ただし図は $p<0$ の場合の図）.

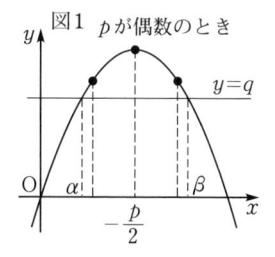

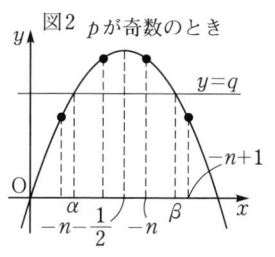

図1 p が偶数のとき

図2 p が奇数のとき

(イ) p が奇数のとき.$p=2n+1$ とおく.$f(x)=-x^2-(2n+1)x$

C の軸の位置は $x=-n-\dfrac{1}{2}$ である.α が整数でなく,$\alpha \leqq x \leqq \beta$ に含まれる整数が2個になるのは $-n, -n-1$ だけがその区間に含まれるときである.その条件は

$$f(-n+1)<q<f(-n) \qquad \therefore\quad n^2+n-2<q<n^2+n$$

n, q は整数だから $q=n^2+n-1$ である.$x^2+px+q=0$ は

$x^2+(2n+1)x+n^2+n-1=0$ となり,これを解くと $x=\dfrac{-(2n+1)\pm\sqrt{5}}{2}$ となる.$\beta-\alpha=\sqrt{5}$ である.

―――――〈必要性と十分性〉―――

問題 40　正の奇数 p に対して，3つの自然数の組 (x, y, z) で，$x^2 + 4yz = p$ を満たすもの全体の集合を S とおく．すなわち，

$$S = \{(x, y, z) \mid x, y, z \text{ は自然数}, x^2 + 4yz = p\}$$

次の問いに答えよ．

（1）S が空集合でないための必要十分条件は，$p = 4k + 1$（k は自然数）と書けることであることを示せ．

（2）S の要素の個数が奇数ならば S の要素 (x, y, z) で $y = z$ となるものが存在することを示せ．

(旭川医大)

考え方　「同値」や「必要十分」の中には，別の単純な言葉で表現したり（問題15，p.71），一気に必要十分な言い換えができる問題（問題4，p.27）がありますが，必要性と十分性を別々に示さねばならない問題もあります．「自然数 x, y, z を用いて $p = x^2 + 4yz$ の形に表されるような奇数 p はどのようなものかを知りたい」これが目標です．その目標から導かれる条件が必要条件，その目標に向かっていく思考が十分性です．

【必要性】p が奇数のとき，「自然数 x, y, z を用いて $x^2 + 4yz = p$ と表される」
　　　　　$\Longrightarrow p = 4k + 1$ の形になる

【十分性】$p = 4k + 1$ の形に書ける
　　　　　$\Longrightarrow$「p に応じてうまく選んだ，ある自然数 x, y, z を用いて $x^2 + 4yz = p$ の形に表される」

解答　（1）$x^2 + 4yz = p$ を満たす自然数 x, y, z が存在するならば，$4yz$ は偶数，p は奇数だから $x^2 = p - 4yz$ は奇数である．ゆえに x は奇数であり，$x = 2m + 1$（m は 0 以上の整数）とおける．

$$(2m+1)^2 + 4yz = p \qquad \therefore \quad p = 4(m^2 + m + yz) + 1$$

となる．$m^2 + m + yz = k$ とおくと $p = 4k + 1$（k は自然数）と書ける．

逆に $p = 4k + 1$（k は自然数）と書けるとき，$m = 0$，$y = 1$，$z = k$ とおけば $(x, y, z) = (1, 1, k)$ は $x^2 + 4yz = 4k + 1$ の解の1つであるから S は空集合ではない．

（2）背理法で証明する．S の要素の個数が奇数のとき，すべての要素 (x, y, z) に対して $y \neq z$ であると仮定する．y と z の値を取り替えるという操作により，

$y > z$ の解 (x, y, z) と $y < z$ の解 (x, y, z) の間に 1 対 1 の対応がつく（☞注意 $1°$）．よって $y > z$ である要素 (x, y, z) の個数と $y < z$ である要素 (x, y, z) の個数は同数である．S の要素の個数は偶数になり，S の要素の個数が奇数であることに矛盾する．ゆえに S の要素の個数が奇数ならば $y = z$ となるものが存在する．

!注意 $1°$【具体例で説明する】$17 = 4 \cdot 4 + 1$ は $4k + 1$ 型である．
$17 = x^2 + 4yz$ の解 (x, y, z) は下記の 5 組あります．

$17 = 1^2 + 4 \cdot 1 \cdot 4$ …… $(x, y, z) = (1, 1, 4)$, $y < z$ 型
$17 = 1^2 + 4 \cdot 4 \cdot 1$ …… $(x, y, z) = (1, 4, 1)$, $y > z$ 型
$17 = 1^2 + 4 \cdot 2 \cdot 2$ …… $(x, y, z) = (1, 2, 2)$, $y = z$ 型
$17 = 3^2 + 4 \cdot 1 \cdot 2$ …… $(x, y, z) = (3, 1, 2)$, $y < z$ 型
$17 = 3^2 + 4 \cdot 2 \cdot 1$ …… $(x, y, z) = (3, 2, 1)$, $y > z$ 型

このように，$y < z$ 型と $y > z$ 型は同数ずつあります．

$2°$【フェルマーの 2 平方和定理】以下は超難問なので流し読みしてください．入試には数学の理論の一部分を切り出したものがあるというお話を書きます．「3 以上の素数 p について，$p = x^2 + y^2$ を満たす自然数 x, y が存在するための必要十分条件は p が 4 で割って余り 1 になることである」という定理はフェルマーが述べ，オイラーが初めて証明しました．オイラーの証明は難し過ぎて高校では扱えません．

ザギエ (Don Zagier) という人が次のような方法を考えました．旭川医大の問題（以下では，本問と呼ぶ）はザギエの証明の一部です．

本問（ただし p は 3 以上の素数とする）で

（a） $x \neq y - z$, $x \neq 2y$ である．
　（ア） $x < y - z$ のとき $(x + 2z, z, y - x - z)$ も S の要素である．
　（イ） $y - z < x < 2y$ のとき $(2y - x, y, x - y + z)$ も S の要素である．
　（ウ） $2y < x$ のとき $(x - 2y, x - y + z, y)$ も S の要素である．
（b） 要素 (x, y, z) に（ア）（イ）（ウ）の操作を 1 回施して変わらないのは
　$(1, 1, k)$ だけである．
（c） $(1, 1, k)$ 以外の要素 (x, y, z) に（ア）（イ）（ウ）の操作を 1 回施すと別の要素になり，もう 1 回施すと元の (x, y, z) に戻る．
（d） （b），（c）より S の要素は奇数組ある．
（e） 本問の（2）により $y = z$ となる解が存在して $x^2 + (2y)^2 = p$ となる．

「ザギエの証明の細部を示す問題」は 2002 年慶応大・医学部に出題されました．

〈部屋と人の設定〉

問題 41 1をいくつか連続して並べた整数 111⋯1 の中には 1953 で割り切れるものがあることを証明せよ．

考え方 これは，古くからある有名問題です．1953 の倍数の話ですから，部屋は 1953 で割った余りでしょう．それは 0〜1952 までの 1953 種類あるので，人は 1954 人並べる必要があります．さて，何が人でしょうか？ 111⋯1 しかないですね．1 から 111⋯1（1 は 1954 個）まで並べます．その後は「余りが等しいけれど不明なものは消去する」のが定石です．

解答 　1　　（1 は 1 個）
　　　　　11　　（1 を 2 個並べた）
　　　　　111
　　　　　 ⋯⋯
　　　　　111⋯1　（1 を 1954 個並べた）

を 1953 で割ると，余りは 0〜1952 の 1953 種類あり，上は 1954 個あるから，余りが等しいものがある．それを 1 が k 個，1 が $m+k$ 個（k, m は自然数）のものとする．

$$1\cdots1\cdots1 = 1953A + r \quad (1 \text{ が } m+k \text{ 個})$$
$$1\cdots1 = 1953B + r \quad (1 \text{ が } k \text{ 個})$$

とおく．A, B はそれぞれ 1953 で割ったときの商，r は余りである．これら 2 式を辺ごとに引いて

$$1\cdots10\cdots0 = 1953(A-B) \quad (1 \text{ が } m \text{ 個}, 0 \text{ が } k \text{ 個})$$
$$1\cdots1 \times 10^k = 1953(A-B) \quad (1 \text{ が } m \text{ 個})$$

右辺は 1953 の倍数だから左辺も 1953 の倍数である．1953 は 2 も 5 も素因数に持たないから 10^k と 1953 は互いに素である．ゆえに 1⋯1（1 が m 個）は 1953 の倍数である．

注意 1°【実際に調べる】コンピュータで実際に調べると，1 を 90 個並べた数が 1953 の倍数になります．

2°【1953 の素因数分解】$1953 = 3^2 \cdot 7 \cdot 31$ となります．

実戦問題・上級編・解答

〈個数の考察〉

問題 42 n は 2 以上の自然数の定数とする．$\dfrac{1}{x}+\dfrac{1}{y}=\dfrac{1}{n}$ をみたす自然数 x, y の組 (x, y) が 25 組あるとき，n は平方数であることを証明せよ．

考え方 本問は私が作った問題で，模擬試験に出題しましたが，ほとんど 0 点でした．解答を読めば難問でないとわかります．解けないのは基本が身についていないせいです．「自力で解けた」と思う人は「25 を 21 に変えても n が平方数と言えるか」を考えてください．「言える」と思うなら，残念ながら，0 点です（☞注意2°）．

本書の中で少しずつ準備をしてきました．問題 26 (p.89) を覚えていますか？ 分母を払えば $xy=nx+ny$ という 2 次のディオファントス方程式です．2 次のディオファントス方程式の王道はただ 1 つ，問題 26 と同じように解くのです．信じてください．あなたのポケットには，整数攻略に必要な道具は，既に揃っています．

解答 $\dfrac{1}{x}+\dfrac{1}{y}=\dfrac{1}{n}$ の分母を払い

$$xy-nx-ny=0 \quad \therefore \quad (x-n)(y-n)=n^2$$

また，

$$\dfrac{1}{x}<\dfrac{1}{x}+\dfrac{1}{y}=\dfrac{1}{n} \quad \therefore \quad \dfrac{1}{x}<\dfrac{1}{n}$$

$n<x$ であり，$x-n>0$ である．同様に $y-n>0$ である．ここで

$$n=p_1^{e_1}p_2^{e_2}\cdots p_k^{e_k}$$

とおく．ただし $p_1, p_2, \cdots, p_k$ は異なる素数で，$e_1, e_2, \cdots, e_k$ は自然数である．

$$(x-n)(y-n)=p_1^{2e_1}p_2^{2e_2}\cdots p_k^{2e_k}$$

$(x-n, y-n)$ の個数は n^2 の約数の個数に等しく（☞注意1°）

$$(2e_1+1)(2e_2+1)\cdots(2e_k+1)$$

組ある．これが 25 だから

$$(2e_1+1)(2e_2+1)\cdots(2e_k+1)=25$$

このような $e_1, e_2, \cdots, e_k$ は 2 タイプある．
(ア) $k=1, 2e_1+1=25$
(イ) $k=2, 2e_1+1=5, 2e_2+1=5$
(ア)の場合は $e_1=12$ $\quad \therefore \quad n=p_1^{12}$

（イ）の場合は $e_1 = 2$, $e_2 = 2$ ∴ $n = p_1^2 p_2^2$

いずれにしても n は平方数である．

!注意 1°【実例】$n = 6$ のとき (x, y) をすべて求めてみましょう．

$(x - 6)(y - 6) = 36$, $x - 6 > 0$, $y - 6 > 0$

$\begin{pmatrix} x - 6 \\ y - 6 \end{pmatrix} = \begin{pmatrix} 1 \\ 36 \end{pmatrix}, \begin{pmatrix} 2 \\ 18 \end{pmatrix}, \begin{pmatrix} 3 \\ 12 \end{pmatrix}, \begin{pmatrix} 4 \\ 9 \end{pmatrix}, \begin{pmatrix} 6 \\ 6 \end{pmatrix}, \begin{pmatrix} 9 \\ 4 \end{pmatrix}, \begin{pmatrix} 12 \\ 3 \end{pmatrix}, \begin{pmatrix} 18 \\ 2 \end{pmatrix}, \begin{pmatrix} 36 \\ 1 \end{pmatrix}$

$\begin{pmatrix} x \\ y \end{pmatrix} = \begin{pmatrix} 7 \\ 42 \end{pmatrix}, \begin{pmatrix} 8 \\ 24 \end{pmatrix}, \begin{pmatrix} 9 \\ 18 \end{pmatrix}, \begin{pmatrix} 10 \\ 15 \end{pmatrix}, \begin{pmatrix} 12 \\ 12 \end{pmatrix}, \begin{pmatrix} 15 \\ 10 \end{pmatrix}, \begin{pmatrix} 18 \\ 9 \end{pmatrix}, \begin{pmatrix} 24 \\ 8 \end{pmatrix}, \begin{pmatrix} 42 \\ 7 \end{pmatrix}$

$x - 6$ の値を見ていきましょう．1, 2, 3, 4, 6, 9, 12, 18, 36 です．これは 36 の約数を巡っており，9 個あります．だから，(x, y) が 9 組あるのです．一般の n の場合は n^2 の約数の個数が組の個数です．

では，ほとんどの人が 0 点だった理由を考えてみましょう．

（ア）2 次のディオファントス方程式の定石が身についていなかった．

（イ）素因数分解する癖がついていなかった．

（ウ）約数の個数を数える公式が身についていなかった．

（エ）文字に対して弱い．

実は，基本形 $(x - n)(y - n) = n^2$ が導けない答案がほとんどでした．全員，本書を買いなさい！

2°【解が 21 組あるとき】(x, y) が 21 組あるときを調べてみましょう．

$(2e_1 + 1)(2e_2 + 1) \cdots (2e_k + 1) = 21$

（ア）$k = 1$, $2e_1 + 1 = 21$

（イ）$k = 2$, $2e_1 + 1 = 3$, $2e_2 + 1 = 7$

（ウ）$k = 2$, $2e_1 + 1 = 7$, $2e_2 + 1 = 3$

順に $n = p_1^{10}$, $n = p_1 p_2^3$, $n = p_1^3 p_2$

となり，この後の 2 つの場合は平方数ではありません．したがって，(x, y) が 21 組あるとき，n は平方数であるとは「いえない」が答えです．反例は $n = 2 \cdot 3^3$ で，このとき (x, y) が 21 組あるが $n = 2 \cdot 3^3$ は平方数ではありません．

反例は 4 で割って余りが 3 の素因数から得られます．つまり，21 は 4 で割って余りが 3 の素因数をもつので，平方数とはいえない，25 は 4 で割って余りが 3 の素因数を持たないので平方数になります．

3°【実は大人も】本問は高校教員の方々にも大好評でした．多くの先生方が，間違えられたのです．基本事項の集積でも十分に思考力を試すことができます．

⟨2次方程式と整数⟩

問題 43 0以上の整数 a_1, a_2 があたえられたとき,数列 $\{a_n\}$ を
$$a_{n+2} = a_{n+1} + 6a_n$$
により定める.
（1） $a_1 = 1, a_2 = 2$ のとき, a_{2010} を10で割った余りを求めよ.
（2） $a_2 = 3a_1$ のとき, $a_{n+4} - a_n$ は10の倍数であることを示せ.（一橋大）

考え方 合同式で書かないと大変です.連続する2項で同じペアが出てきたら周期に入ります.

解答 以下 mod 10 とする.

（1） $a_1 \equiv 1, \ a_2 \equiv 2$

$a_3 = a_2 + 6a_1 \equiv 2 + 6 \equiv 8$

$a_4 = a_3 + 6a_2 \equiv 8 + 12 \equiv 20 \equiv 0$

$a_5 = a_4 + 6a_3 \equiv 0 + 48 \equiv 8$

$a_6 = a_5 + 6a_4 \equiv 8 + 0 \equiv 8$

$a_7 = a_6 + 6a_5 \equiv 8 + 48 \equiv 56 \equiv 6$

$a_8 = a_7 + 6a_6 \equiv 6 + 48 \equiv 54 \equiv 4$

$a_9 = a_8 + 6a_7 \equiv 4 + 36 \equiv 40 \equiv 0$

$a_{10} = a_9 + 6a_8 \equiv 0 + 24 \equiv 24 \equiv 4$

$a_{11} = a_{10} + 6a_9 \equiv 4 + 0 \equiv 4$

$a_{12} = a_{11} + 6a_{10} \equiv 4 + 24 \equiv 28 \equiv 8$

$a_{13} = a_{12} + 6a_{11} \equiv 8 + 24 \equiv 32 \equiv 2$

$a_{14} = a_{13} + 6a_{12} \equiv 2 + 48 \equiv 50 \equiv 0$

$a_{15} = a_{14} + 6a_{13} \equiv 0 + 12 \equiv 12 \equiv 2$

$a_{16} = a_{15} + 6a_{14} \equiv 2 + 0 \equiv 2$

$a_{17} = a_{16} + 6a_{15} \equiv 2 + 12 \equiv 14 \equiv 4$

$a_{18} = a_{17} + 6a_{16} \equiv 4 + 12 \equiv 16 \equiv 6$

$a_{19} = a_{18} + 6a_{17} \equiv 6 + 24 \equiv 30 \equiv 0$

$a_{20} = a_{19} + 6a_{18} \equiv 0 + 36 \equiv 36 \equiv 6$

$$a_{21} = a_{20} + 6a_{19} \equiv 6 + 0 \equiv 6$$
$$a_{22} = a_{21} + 6a_{20} \equiv 6 + 36 \equiv 42 \equiv 2$$
$$a_{23} = a_{22} + 6a_{21} \equiv 2 + 36 \equiv 38 \equiv 8$$

となる．$a_{22} \equiv a_2$, $a_{23} \equiv a_3$ だから，a_n を 10 で割った余りは周期 20 で繰り返す．$2010 = 20 \cdot 100 + 10$ より

$$a_{2010} \equiv a_{10} \equiv 4$$

だから，求める値は **4** である．

（**2**） $a_1 = a$ とおく．$a_2 = 3a$
$$a_3 = a_2 + 6a_1 \equiv 3a + 6a \equiv 9a$$
$$a_4 = a_3 + 6a_2 \equiv 9a + 18a \equiv 27a \equiv 7a$$
$$a_5 = a_4 + 6a_3 \equiv 7a + 54a \equiv 61a \equiv a$$
$$a_6 = a_5 + 6a_4 \equiv a + 42a \equiv 43a \equiv 3a$$

よって，$a_5 \equiv a_1$, $a_6 \equiv a_2$ となるから，a_n を 10 で割った余りは周期 4 で繰り返す．ゆえに $a_{n+4} \equiv a_n$ であるから $a_{n+4} - a_n$ は 10 の倍数である．

!注意 **1°【数学的帰納法で書く】**（1） 周期 20 であることを数学的帰納法で証明するなら次のようにします．

$a_{n+20} \equiv a_n (n \geqq 2)$ であることを数学的帰納法で証明する．$n = 2, 3$ のとき成り立つ．$n = k - 1$, $n = k$ のとき成り立つとする．

$$a_{k+20} \equiv a_k \quad \cdots\cdots\cdots ① \quad , \quad a_{(k-1)+20} \equiv a_{k-1} \quad \cdots\cdots\cdots ②$$

① + ② × 6 より

$$a_{k+20} + 6a_{k+19} \equiv a_k + 6a_{k-1}$$

ここで $a_{k+21} = a_{k+20} + 6a_{k+19}$, $a_{k+1} = a_k + 6a_{k-1}$ だから

$$a_{k+21} \equiv a_{k+1}$$

よって $n = k + 1$ でも成り立つから数学的帰納法によって証明された．

2°【漸化式を変形する】 問題 15 (p.71) の注意で述べたのと同じ事です．（2）で漸化式を使って添え字を下げようとする人が出てきます．$a_{n+4} - a_n = Aa_{n+1} + Ba_n$ の形にしたとき，A, B が 10 の倍数になるはずだと思うらしいのです．しかし，実際には $a_{n+4} - a_n = 13a_{n+1} + 41a_n$ となり，あてがはずれます．本問も，こうした変形では証明できません．

〈2次方程式と整数〉

問題44 x の2次方程式 $x^2 - mnx + m + n = 0$（ただし, m, n は自然数）で2つの解がともに整数になるものは □ 個ある.

（早大・人間科学）

考え方　本問は大昔から知られている問題です．高校の時に本問を見た安田少年は手も足も出ませんでした．

生徒：「右の絵，何？」

ダルマです．手も足も出ないときに，このように表現します．

生徒：「古い．ダルマの髭，剃ってあるし，剃り残しあるし」

当時の模範解答には，なんの解説もなく，1つの解法（☞別解）が示してあるだけでした．安田少年は，それを見て「こんなこと，思いつかん」と思いつつ，律儀にも，その解法をひたすら反復し，覚えました．

40年ぶりに旧友に出会い，懐かしく感じました．安田君も，昔の安田君ではありません．既に達人の境地です

本問には要素が2つあります．「2次方程式の問題」と「係数が整数」です．主役は，もちろん2次方程式で，そこに整数ということが関わっているに過ぎません．

2次方程式の定石はいくつかあります．最も重要なのは

（ア）　判別式，軸の位置，区間の端での値

です．それ以外に，

（イ）　解と係数の関係，2次方程式を実際に解いて考える

があります．高校時代の安田少年がそうだったように，多くの人が，解と係数の関係に飛びつきます．「整数だから等式の関係で考えないと解けないだろう」と思うからです．しかし，待ってください．「整数の頻出3タイプ」はなんでしたか？

「因数分解，剰余による分類，不等式で挟む」でしたね．大切なことは「この中で解法を選んでいく」ということです．本問の解法を覚えても仕方がありません．あなたが大学を受けたときに，本問は出ません．似た問題で迷子になったとき，天を仰いでも光は見えず，耳を澄ませても神はささやいてはくれません．どん詰まりの暗闇で，何を手掛かりに抜け出すのか．解法を選択し，試し，うまくいかないときには別の選択肢を試すしかありません．安田少年は選択せずに解と係数に飛びつき，行き詰まって諦めた，その幅の狭さが能力の低さなのです．

2次方程式で一番重要な（ア）に着目しましょう．$f(x) = x^2 - mnx + m + n$ として $f(x) = 0$ が整数の2実数解を持つ条件を求めてみましょう．その条件から自

然数 m, n の値が定まるかもしれません．「かも」です．もちろん，駄目かもしれません．

まず，判別式を D として $D = m^2n^2 - 4m - 4n \geq 0$

これは役に立ちません．大きな m, n で成り立ち，限りがないからです．m, n を上から押さえなければなりません（この言い方については p.100 を参照のこと）．

軸の位置：$x = \dfrac{mn}{2} \geq \dfrac{1}{2}$

あまり役に立ちません．

最後に区間の端です．区間って，あるの？ 問題文には，どこにも x の範囲らしきものはありません．これも駄目ですねって，ちょっと待ったああ〜〜！

$f(0) = m + n > 0$，かつ，軸が $x > 0$ にあるから，整数の解は自然数の解で $x \geq 1$ にあります．$f(1) = 1 - mn + m + m \geq 0$ でなければなりません（グラフは下の図を見て下さい）．2 次の項 mn の係数はマイナスですから，大きな m, n では成立しません．だから m, n は上から押さえることができます．当たりました！

解答では解と係数の関係も使います．

解答 （ア）$1 \leq n \leq m$ であるとしても一般性を失わない．

2 解を $\alpha, \beta \ (\alpha \leq \beta)$ とする．解と係数の関係により

$\alpha + \beta = mn > 0, \ \alpha\beta = m + n > 0$

和と積が正だから α, β はともに正である．よって 2 解は正の整数である．$1 \leq \alpha \leq \beta$ である．

$f(x) = x^2 - mnx + m + n$ とおく．$f(x) = 0$ が $x \geq 1$ に 2 解を持つ条件を考える．そのためには $f(1) \geq 0$ でなければならない．

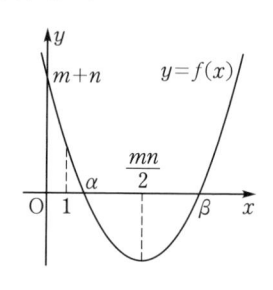

$f(1) = 1 - mn + m + n \geq 0 \qquad \therefore \ (m-1)(n-1) \leq 2 \ \cdots\cdots\cdots\cdots ①$

（ア）$n = 1$ のとき．① は $0 \leq 2$ で成り立ち，これ以上何もわからない．再び解と係数の関係より $\alpha + \beta = mn, \ \alpha\beta = m + n$ であり，$n = 1$ とすると

$\alpha + \beta = m, \ \alpha\beta = m + 1$

m を消去すると

$\alpha\beta = \alpha + \beta + 1 \qquad \therefore \ (\alpha - 1)(\beta - 1) = 2$

$0 \leq \alpha - 1 \leq \beta - 1$ より $\alpha - 1 = 1, \ \beta - 1 = 2$

$\alpha = 2, \ \beta = 3 \qquad \therefore \ m = \alpha + \beta = 5 \qquad \therefore \ f(x) = x^2 - 5x + 6$

（イ）$n = 2$ のとき．① より $m - 1 \leq 2 \qquad \therefore \ m \leq 3$

$1 \leq n \leq m$ とから $m = 2, 3$ である．

$m=2$, $n=2$ のとき $f(x)=x^2-4x+4$, $f(x)=0$ の解は 2 の重解で適する.
$m=3$, $n=2$ のとき $f(x)=x^2-6x+5$, $f(x)=0$ の解は 1, 5 で適する.
（ウ）$n\geqq 3$ のとき.

$$3\leqq n\leqq m \qquad \therefore\quad 2\leqq n-1\leqq m-1$$

だから ① は成立しない.

以上より方程式 $f(x)=0$ は **3** 個ある.

別解 $m\geqq n\geqq 1$ としても一般性を失わない. 2 解を α, β ($\alpha\leqq\beta$) とする. 解と係数の関係により

$$\alpha+\beta=mn \quad\cdots\cdots\text{①}$$
$$\alpha\beta=m+n \quad\cdots\cdots\text{②}$$

で和と積が正だから α, β はともに正であり, 正の整数である. $mn=2$, $m+n=1$ ということはないから, 1 が重解になることはない. ゆえに $\alpha\geqq 1$, $\beta\geqq 2$ である.
①－② より

$$\alpha+\beta-\alpha\beta=mn-m-n$$
$$(\alpha-1)(\beta-1)+(m-1)(n-1)=2$$

$(\alpha-1)(\beta-1)\geqq 0$, $(m-1)(n-1)\geqq 0$ だから
（ア）$(\alpha-1)(\beta-1)=2$, $(m-1)(n-1)=0$
（イ）$(\alpha-1)(\beta-1)=1$, $(m-1)(n-1)=1$
（ウ）$(\alpha-1)(\beta-1)=0$, $(m-1)(n-1)=2$
のいずれかとなる.
（ア）のとき. $\alpha-1=1$, $\beta-1=2$ $\qquad\therefore\quad \alpha=2$, $\beta=3$
①, ② より $mn=5$, $m+n=6$ となり $(m, n)=(5, 1)$
（イ）のとき. $\alpha-1=1$, $\beta-1=1$, $m-1=1$, $n-1=1$
$\alpha=\beta=m=n=2$
（ウ）のとき. $\alpha=1$, $m-1=2$, $n-1=1$ $\qquad\therefore\quad m=3$, $n=2$

以上より方程式は **3** 個ある.

⚠️注意 【足して駄目なら引いてみな】安田少年は ①＋② としました.

$$\alpha+\beta+\alpha\beta=mn+m+n \text{ より } (\alpha+1)(\beta+1)=(m+1)(n+1)$$

となって, 何も出ず, 諦めました. 生徒に試すと, 皆, これです.「君たち, 安田君レベルだね. 大丈夫だよ, 東大に入れるからね」と言いますと, 複雑な表情をします.

〈余りがすべて異なるときの論法〉

問題45 p, q を互いに素な正整数とする.
（1） 任意の整数 x に対して, p 個の整数 $x-q, x-2q, \cdots, x-pq$ を p で割った余りは全て相異なることを証明せよ.
（2） $x > pq$ なる任意の整数 x は, 適当な正整数 a, b を用いて $x = pa + qb$ と表されることを証明せよ. （奈良県医大）

考え方 （1） 高校時代の安田少年は, 余りを1つ1つ追求しようとしましたが, 解けません.「異なる」より「等しい」方が式にしやすいので, 背理法です.

解答 （1） 背理法で証明する. $x-q, x-2q, \cdots, x-pq$ を p で割った余りの中に等しいものがあると仮定する. i, j を $1 \leq i < j \leq p$ の自然数として, $x-iq$ と $x-jq$ を p で割った余りが等しいとする. その共通の余りを r, それぞれの商を k_i, k_j とすると

$$x - iq = pk_i + r \quad \cdots\cdots ①$$
$$x - jq = pk_j + r \quad \cdots\cdots ②$$

①-②として

$$(j - i)q = p(k_i - k_j)$$

右辺は p の倍数だから左辺も p の倍数である. ところが p と q は互いに素であり, かつ, $1 \leq j - i \leq p - 1 < p$ だから左辺は p の倍数ではない（☞注意1°）. よって矛盾する. ゆえに $x-q, x-2q, \cdots, x-pq$ を p で割った余りは全て相異なる.
（2） $x-q, x-2q, \cdots, x-pq$ は後にいくほど小さくなり, $x-pq > 0$ だからすべて正であり, 全部で p 個あるからこの中に p の倍数のものがある. それを $x - bq$ として $x - bq = pa$ とおく. a, b は自然数で $x = pa + qb$ となる.

注意 1°【具体例で説明する】たとえば $p = 15$, $q = 8$ のときを説明しましょう. $(j-i)q = p(k_i - k_j)$ で, $j - i = 5$ になる場合もあるので, 左辺が p の一部の素因数を持っている場合はあります. しかし $1 \leq j - i < p$ なので, 左辺が p を丸ごと持っていることはありません.

2°【お土産が余すことなく渡る】饅頭3個入りの箱と5個入りの箱があって, この箱をそれぞれ1箱以上買って友人達への土産とするとき, 友人が16人以上であれば, 必ず友人達に饅頭がちょうど1個ずつ渡るように買うことができるということが証明されました.

〈因数分解の公式〉

問題 46 a, b は 2 以上の整数とする．
（1） $a^b - 1$ が素数ならば，$a = 2$ であり，b は素数であることを証明せよ．
（2） $a^b + 1$ が素数ならば，$b = 2^c$（c は整数）と表せることを証明せよ．

(千葉大)

考え方 因数分解の公式
$$x^n - y^n = (x-y)(x^{n-1} + x^{n-2}y + x^{n-3}y^2 + \cdots + y^{n-1})$$
および，n が正の奇数のとき
$$x^n + y^n = (x+y)(x^{n-1} - x^{n-2}y + x^{n-3}y^2 - \cdots + y^{n-1})$$
については p.19, 20 で述べています．
（1） $x^n - y^n$ タイプです．後半は背理法を使います．
（2） $x^n + y^n$ タイプです．ただし，このときには n が奇数でなければなりません．
　目標の $b = 2^c$（c はもちろん自然数）の意味することはなんだと思いますか？ このまま「$b = 2^c$ でしょ？」と鸚鵡返ししてはいけません．3, 5, 7, … という，奇数の素因数を持たないということです．だから，背理法をとります．

Action▷ 題意を自分の言葉に言い換えよう

解答▷ （1） $a^b - 1 = (a-1)(a^{b-1} + \cdots + a + 1)$
$a \geqq 2, b \geqq 2$ だから
$$a^{b-1} + \cdots + a + 1 \geqq a + 1 \geqq 3$$
$a^b - 1$ が素数ならば $a - 1 = 1$ 　∴　$a = 2$
　次に b が素数でないと仮定する．$b = cd$（c, d は 2 以上の整数）とおけて，
$$a^b - 1 = 2^{cd} - 1 = (2^c)^d - 1$$
$$= (2^c - 1)\{(2^c)^{d-1} + \cdots + (2^c) + 1\}$$
となり，
$$2^c - 1 \geqq 2^2 - 1 = 3, \quad (2^c)^{d-1} + \cdots + (2^c) + 1 \geqq 2^c + 1 \geqq 5$$
となり，$a^b - 1$ が素数でなくなり，矛盾する．ゆえに b は素数である．
（2） b が 3 以上の奇数の素数を約数に持つと仮定する．それを e として $b = ed$
（d は自然数）とおける．
$$a^b + 1 = a^{ed} + 1 = (a^d)^e + 1$$

$$= (a^d+1)\{(a^d)^{e-1} - (a^d)^{e-2} + \cdots\cdots + (a^d)^2 - (a^d) + 1\} \quad\cdots\cdots ①$$

ここで (☞注意1°), $a^d + 1 \geqq a + 1 \geqq 3$ であり, さらに,

$$(a^d)^{e-1} - (a^d)^{e-2} > 0, \cdots, (a^d)^2 - (a^d) > 0$$

より

$$(a^d)^{e-1} - (a^d)^{e-2} + \cdots\cdots + (a^d)^2 - (a^d) + 1 \geqq 2$$

だから ① は素数ではなく, 矛盾する. ゆえに b は 3 以上の素数の約数を持たないから, b の素因数は 2 だけである. よって $b = 2^c$ (c は正の整数) の形に表される.

!注意 1°【具体的に書いてみる】文字で分かりにくければ, 置き換え, 具体的な数値で様子をみましょう.

$a^d = x$ とおきます. $a^b + 1 = a^{ed} + 1 = x^e + 1$ です. たとえば $e = 5$ のときを書いてみましょう.

$$x^5 + 1 = (x+1)(x^4 - x^3 + x^2 - x + 1)$$

です. $x = a^d \geqq 2$ ですから

$$x^4 - x^3 = x^3(x-1) > 0, \ x^2 - x = x(x-1) > 0$$

$$\therefore \quad x^4 - x^3 + x^2 - x + 1 \geqq 2$$

です.

⟨海外の数学オリンピック⟩

問題 47 a, b, c を正の整数とするとき，等式
$$\left(1+\frac{1}{a}\right)\left(1+\frac{1}{b}\right)\left(1+\frac{1}{c}\right) = 2$$
を満たす正の整数の組 (a, b, c) で $a \geqq b \geqq c$ を満たすものをすべて求めよ．

(鳥取大・医)

考え方 あるとき，私はイギリス数学オリンピック（BMO）の過去問を見ていました．「お，日本の大学受験にピッタリだ」と思ったので，誘導をつけて模擬試験に出題しました．その数ヶ月後，数値を少し変えて一橋大に，その翌年，BMO の数値のまま（BMO には $a \geqq b \geqq c$ はない）鳥取大に出題されたのです．見事な的中でしょう？ お前もパクリだろうって？ 私の嗅覚に乾杯さ！ (x_x)☆\(^^;)ポカ

大きな方針は 2 つあります．

(a) 3 文字で，等式の変形は難しい．1 つの文字の値を決める，2 文字なら因数分解で解ける．決めるのは最小の c を決める．c が大きくなると a, b, c がすべて大きくなる．$1+\frac{1}{a}, 1+\frac{1}{b}, 1+\frac{1}{c}$ が 1 に近くなり，等式を満たさないから c がある程度以上大きくなると不適になる．そこで c の値を決めていく．

(b) 不等式を作り，c の範囲（c の上限）を決める（問題 32, p.99 を参照のこと）．

解答 （ア）$c = 1$ のとき，$\left(1+\frac{1}{a}\right)\left(1+\frac{1}{b}\right) \cdot 2 = 2$ となり，成立しない．

（イ）$c = 2$ のとき．$a \geqq b \geqq 2$

$$\left(1+\frac{1}{a}\right)\left(1+\frac{1}{b}\right) \cdot \frac{3}{2} = 2$$

$3(a+1)(b+1) = 4ab \qquad \therefore \quad ab - 3a - 3b = 3$

$(a-3)(b-3) = 12, \quad -1 \leqq b-3 \leqq a-3$

$\begin{pmatrix} a-3 \\ b-3 \end{pmatrix} = \begin{pmatrix} 12 \\ 1 \end{pmatrix}, \begin{pmatrix} 6 \\ 2 \end{pmatrix}, \begin{pmatrix} 4 \\ 3 \end{pmatrix} \qquad \therefore \quad \begin{pmatrix} a \\ b \end{pmatrix} = \begin{pmatrix} 15 \\ 4 \end{pmatrix}, \begin{pmatrix} 9 \\ 5 \end{pmatrix}, \begin{pmatrix} 7 \\ 6 \end{pmatrix}$

（ウ）$c = 3$ のとき．$a \geqq b \geqq 3$

$$\left(1+\frac{1}{a}\right)\left(1+\frac{1}{b}\right) \cdot \frac{4}{3} = 2$$

$2(a+1)(b+1) = 3ab \qquad \therefore \quad ab - 2a - 2b = 2$

$(a-2)(b-2) = 6, \quad 1 \leqq b-2 \leqq a-2$

$\begin{pmatrix} a-2 \\ b-2 \end{pmatrix} = \begin{pmatrix} 6 \\ 1 \end{pmatrix}, \begin{pmatrix} 3 \\ 2 \end{pmatrix} \qquad \therefore \quad \begin{pmatrix} a \\ b \end{pmatrix} = \begin{pmatrix} 8 \\ 3 \end{pmatrix}, \begin{pmatrix} 5 \\ 4 \end{pmatrix}$

（エ）$c=4$ のとき．

$$\left(1+\frac{1}{a}\right)\left(1+\frac{1}{b}\right)\cdot\frac{5}{4}=2$$

$5(a+1)(b+1)=8ab$ ∴ $3ab-5a-5b=5$

$ab-\frac{5}{3}a-\frac{5}{3}b=\frac{5}{3}$

$\left(a-\frac{5}{3}\right)\left(b-\frac{5}{3}\right)=\frac{5}{3}+\frac{25}{9}$

$(3a-5)(3b-5)=40$

$a \geqq b \geqq c = 4$ より $3a-5 \geqq 3b-5 \geqq 7$

$(3a-5)(3b-5) \geqq 7\cdot 7 = 49 > 40$

よって $c=4$ のときは成立しない．一度成立しなくなったので，これ以後，$c \geqq 4$ では成立しないと思われる．以下，それを証明する．

$c \geqq 4$ のとき $a \geqq b \geqq c \geqq 4$

$$1+\frac{1}{a} \leqq 1+\frac{1}{b} \leqq 1+\frac{1}{c} \leqq 1+\frac{1}{4}=\frac{5}{4}$$

$$\left(1+\frac{1}{a}\right)\left(1+\frac{1}{b}\right)\left(1+\frac{1}{c}\right) \leqq \left(\frac{5}{4}\right)^3 = \frac{125}{64} < 2$$

$a \geqq b \geqq c \geqq 4$ を満たす正の整数の組 (a, b, c) は存在しない．

以上から

$$(a, b, c) = (15, 4, 2), (9, 5, 2), (7, 6, 2), (8, 3, 3), (5, 4, 3)$$

別解 $a \geqq b \geqq c$ のとき

$\frac{1}{a} \leqq \frac{1}{b} \leqq \frac{1}{c}$ より $1+\frac{1}{a} \leqq 1+\frac{1}{b} \leqq 1+\frac{1}{c}$

$$\left(1+\frac{1}{a}\right)^3 \leqq \left(1+\frac{1}{a}\right)\left(1+\frac{1}{b}\right)\left(1+\frac{1}{c}\right) \leqq \left(1+\frac{1}{c}\right)^3$$

$$\left(1+\frac{1}{a}\right)^3 \leqq 2 \leqq \left(1+\frac{1}{c}\right)^3 \quad \cdots\cdots\text{①}$$

$f(c)=\left(1+\frac{1}{c}\right)^3$ とおく．

$$f(1)=8>2,\ f(2)=\frac{27}{8}>2,\ f(3)=\frac{64}{27}>2,\ f(4)=\frac{125}{64}<2$$

$c \geqq 4$ のとき

$$f(c)=\left(1+\frac{1}{c}\right)^3 \leqq \left(1+\frac{1}{4}\right)^3 = \frac{125}{64} < 2$$

①は成立しない．ゆえに $c \leqq 3$ である．後は $c=1, 2, 3$ で調べる．（以下省略）

あとがき

本書は安田が原稿を書き，雲雀丘学園中学校高等学校の永田ひろみ先生，東京書籍編集部が読んで検討をするという手順で進めました．記号類のデザインは東京書籍のデザイン部と安田が行いました．

本書は組版システム TeX を用いて作成されています．デザインを東京書籍のデザイン部が行い，それに基づいてスタイルファイルを TeX コンサルタントの吉永徹美氏に作成していただきました．TeX の ceo.sty を用いています．ceo.sty は吉永氏のご指導のもとに安田と友人の岡本寛氏で作成したものです．奥村晴彦教授（三重大学）の主宰されている TeX Q&A で多くの示唆を得ました．安田が Word で作成した原稿を TeX ファイルに直す作業は吉松祐三子先生（横浜共立学園中学・高等学校）にお願いしました．最終的には安田がタイプセットして，pdf で印刷所に入稿しています．

安田を支え続けてくれた両親と兄弟に感謝したいと思います．また，安田を導いてくださった先生方，仕事のチャンスを与え，成長の場を与えてくれた幾つもの予備校・出版社，そして本書を執筆する機会を与えてくださった東京書籍の皆様に感謝したいと思います．

安田亨（やすだとおる）

著者略歴：1953 年愛知県に生まれる．中学 3 年間と高校 1 年まではサッカーに熱中し，勉強に身が入らず．高校 2 年になるときに数学にめざめ，数学にむいているかもしれないと錯覚し，突如として猛勉強を始める．歩くときも風呂でも問題を解き続け，1972 年に東京大学理科 I 類に入学．大学時代から受験雑誌「大学への数学」で原稿を書き始める．現在は駿台予備学校講師，旺文社刊「全国大学入試問題正解」巻頭執筆者，受験雑誌「大学への数学」執筆陣の一人．座右の銘は「汝まず世界の必要とする者となれ．さすれば，たとえ森の中に住むといえども汝の戸口に人々が集まるであろう（元は思想家 Ralph Waldo Emerson の言葉．意味：好きなことに熱中しなさい．それが少しは人の役に立つことなら，その能力を求めて，誰かが来てくれる）」

\多方面2週間で完成！		整数問題
発行日	2013年5月1日　初版発行	
	2021年2月1日　第7版発行	
執筆者	安田　亨	
編　者	東京書籍編集部	
発行者	東京書籍株式会社　　千石雅仁	
	東京都北区堀船2丁目17番1号　〒114-8524	
印刷所	株式会社リーブルテック	

- 支社出張所　札　幌 011-562-5721　仙　台 022-297-2666
  電話　　　　東　京 03-5390-7467　金　沢 076-222-7581
  （販売窓口）名古屋 052-939-2722　大　阪 06-6397-1350
  　　　　　　広　島 082-568-2577　福　岡 092-771-1536
  　　　　　　鹿児島 099-213-1770　那　覇 098-834-8084
- 編集電話　　東　京 03-5390-7339

- ホームページ https://www.tokyo-shoseki.co.jp
- 東書Eネット https://ten.tokyo-shoseki.co.jp

落丁・乱丁本はおとりかえいたします。
許可なしに転載，複製することを禁じます。
ISBN978-4-487-37899-9

Copyright © 2013 by Toru Yasuda
All rights reserved. Printed in Japan